Antimatter

反物质

[英] 弗兰克·克洛斯 著
Frank Close

羊奕伟 译

重庆大学出版社

致谢

在过去的三十年，我致力于传授和传播科学，而其中尤其以反物质最能引起我的兴趣。2007 年 10 月 4 日，我和布拉格（Melvyn Bragg）、吉布森（Val Gibson）以及格雷戈里（Ruth Gregory）一起参加了 BBC 电台 4 频道的“时代先锋（*In our time*）”节目的录制，讨论反物质的问题。这次节目播出后，我收到了很多电子邮件和信件来咨询反物质的最新进展。其中不乏一些担忧：反物质会不会用来制造武器，从而带来毁灭性的灾难。作家布朗（Dan Brown）更以美国军方的研究为原型写了《天使与恶魔》（*Angels and Demons*）一书，其中描述了 CERN（欧洲核子研究中心）制造的反物质炸弹创造的一个新的星球。

以上林林总总的事件，驱使我写下了这本

书，不仅是对 BBC 节目的一个延续，还可以阻止那些无稽之谈。在写书的过程中，我了解到了很多军方研究的真相，也看到了更多的对军方研究无聊的天花乱坠的大肆渲染。虽然这本书由我执笔，但实际上内容则来自很多合作团队多年的共同努力。在此，我要特别感谢兰杜亚（Rolf Landua）帮我校对，修改了初稿中的诸多错误并与我长期探讨反物质。迪瓦恩（Betsy Devine），卡马斯（George Kalmus），马腾（Michael Marten）以及编辑梅农（Latha Menon）都部分或全部地阅读了我的草稿，给出了很多有益的建议。书中部分复制了史密斯（Gerald Smith）对于反物质的研究文章，在此表示感谢；同样感谢布罗茨基（Stan Brodsky）和葛瑞兰（Thornton Greenland）在正电子素方面的讨论；感谢凯西·玛丽斯（Kathryn Maris），她擅长诗歌，并将物质和反物质描述为："丕植本是同根生，父母乃是万物源（大爆炸），却有一日终反目，兄弟相煎何太急"。感谢欧洲核子研究中心和牛津大学的协作，其中诸多讨论对本书起到了很大影响。

前言

起源

万世之初，空无一物，“虚空的表面只有黑暗”。突然间发生了能量爆炸：“让这里有光，于是就有了光”，虽然我不知道能量从何而来。

我只知道接下来发生的事情：能量凝聚成物质以及它的神秘反面——反物质，达到一种完美的均衡。我们见惯了普通的物质，它们构成空气、岩石以及各种生物。但我们却不那么了解物质的忠实反面，它同物质在所有方面都完全一致，只是其中原子内部深处的一切都是相反的。这就是反物质——物质的对立面。

现在，反物质并不是普遍存在的——至少在地球上是这样——它在宇宙中莫名其妙地消失了。但是它的存在是毋庸置疑的，因为现代科学

家已经成功地制造出了少量的反物质。

一旦反物质与物质相接触，在电光火石之间就会相互湮灭，并且释放出禁锢了数亿年的所有能量。因此，反物质被认为是新世纪的一项前沿技术，可以作为一种完美的能源。当然，它这种可以消灭物质于无形的潜力，更使得它可以作为一种具有巨大杀伤力的终极武器。

至少这种武器论在文学界和网络上甚嚣尘上，甚至美国空军也持相似观点。那么，反物质真的是这样吗？

CONTENTS

目录

ANTIMATTER

1
反物质：真实或者虚幻

/

我父亲以前常说："当无坚不摧的矛遇到坚不可摧的盾时会怎样？"当然他并不会把这个问题延伸到宇宙论的高度。就像牛顿并不满足于一个运动定律，贝多芬不止步于一首交响曲，我的父亲也有更多的疑问："如果一种物质会摧毁所有接触它的东西，那么怎么存储它呢？"

一种东西会首先摧毁它的容器，这种观点有一个重要的蕴含：为什么会禁锢于此？当打破牢狱跨越而出，它就可以肆意吞噬周围一切，人挡杀人佛挡杀佛，更别说渺小的人类了。这个力量实在强大，场景如此恐怖，简直是人类的噩梦。

我此前相信的答案是：他的问题只是科幻小说里的桥段。但是我错了。

无坚不摧的力遇到坚不可摧的体——这是一种无限的概念：当两个无限相比较时，哲学家们对这种悖论也十分恼火，只能说："我的无限比你的无限更大"。然而，这里用来比较的东西是其他的物质，准确地说是所谓的反物质。科幻小说作家对反物质可谓青睐有加，认

为它是一种真实存在，而其中的内涵妙不可言。

反物质是物质的一种奇怪的颠倒影像，就像我们所说的半斤八两，只是其中的左变成了右，而正变成了负。就像铸件取出之后模具依然存在，反物质和物质就是实体的阴阳两面。当海边的孩童在坚固的沙滩上挖洞取沙，堆砌成美丽的沙堡，这个沙堡就象征着物质，而沙滩上留下的沙洞象征着反物质。

假设，一个物质存在突然遇到了反物质的自己，它们的参数是完全互补的，最终会相互协调然后消亡。反物质的魅力就在于，它会在一瞬间摧毁物质。反物质顾名思义，真的可以“反”物质。

在 80 年前，反物质理论被第一次提出。而在 75 年前，第一个反物质被发现了，那就是“正电子”。

值得庆幸的是，反物质极其罕见，在现实中几乎不存在，而微量的反物质摧毁物质时，反物质本身也被摧毁了。所以我们今天还快乐地生活在这地球上。人们发现的首个反物质，只是摧毁了一个原子里的某个电子而已。我们所见的整个宇宙之中，通常存在的都是物质而非反物质。看起来，反物质似乎在大爆炸初期就被消灭掉了。经过长期的物质与反物质的湮灭之后，剩下的残余部分才形成了今天的物质宇宙。而湮灭的结果就是之后 140 亿年中遍布宇宙的电磁辐射和“微波本底辐射”。坏女巫死了，物质获胜了；在物质和反物质这两种势均力敌的无限之中，物质的无限更大。

但要是有些反物质逃过一劫，在宇宙的某个角落里潜伏着，又恰恰被在宇宙中漫游的我们遇到了；抑或是宇宙射线鬼使神差地又形成了一些反物质：会发生什么事情呢？一辆卡车大小的反物质，其爆炸威力足以使整个世界动摇。如果真的发生了，反物质就成了我父亲那个问题的真实例子，但是还好它不会扩散，虽然我曾经一度非常担心它有这种能力。反物质确实会摧毁物质，但代价是同时摧毁自己；就像癌细胞，杀死了宿主之后自己也会死亡。我们世界中任何物质的湮灭，都会对应着相同量反物质的消失。湮灭的结果可能是一束射线，也许是伽马射线，从湮灭处以光速向外发射，而反物质的威胁就此解除了。这就是为什么没有反物质存留——至少我们周围没有——的原因：所有的反物质都被摧毁了，获胜的是物质一方。

所以反物质并不是一个恐怖版本的“九号冰（ice-nine）”，这种冰来自库特·冯尼古特（Kurt Vonnegut）的小说《猫的摇篮》（*Cat's Cradle*），是一种水的形态，它会将遇到的所有液体变成凝冻的固态。小说中它能够首先作用于一个小水坑，接着是小溪、河流，最后将整个世界的海洋都凝冻成“一个巨大的果冻”。而反物质的作用范围是有限的。虽然如此，它会摧毁所接触的任何物质，爆炸释放出的能量远超出我们现有的任何东西。

1.1　反物质会撞上地球吗

如果在宇宙的某个角落存在着反物质，那么你可能会想，某天它会不会撞上地球。如果在地球的40亿年历史中，曾经有反物质撞上过，那么所有的迹象都应该已经消失了。陨石落下会有陨石坑，其

中还能找到一些外星物质；但是反物质不行，它会在一瞬间消失掉。反物质来袭的唯一证据只能是其发生的巨大爆炸，但最近的几百万年以来似乎没有发现这种证据。然而，仅仅在一百多年前的1908年6月，发生了一件人类至今无法完全解释的事情，其被反物质爱好者们称为是外星反物质碰撞地球的最近的例子。

在莫斯科以东约1 000英里处，北至北冰洋，南至蒙古，从乌拉尔到满洲里，是一片广袤的荒野之地，面积比整个西欧还大。这片遥远大陆的心脏地带是一条隐蔽的河谷——通古斯河，由通古斯人命名。通古斯人是一个小族群，主要靠狩猎熊和鹿以及夏季放牧驯鹿为生。

1908年6月30日，天空晴好，万里无云。早上8时，农民色梅洛夫（Sergei Semenov）正坐在他家的走廊上，突然天空中发生了一场巨大的爆炸。后来他告诉科学家，爆炸形成的火球光亮甚至盖过了太阳，而且又是如此炙热以至于他的衣服“几乎要贴着皮肤燃烧起来”，还将他邻居家的银器熔化了。[①]更异常的是，经过科学家之后的调查，这次爆炸发生在距色梅洛夫约60公里之外。另一个农民利奇（Vassili Ilich）说，有一个巨大的火球“摧毁了森林、驯鹿和所有其他动物”。当他和邻居们跑去勘查时，发现驯鹿的一些肢体烧焦了，而其他部分居然完全不见了。

这个炫目的火球在几秒钟之间从东南部移动到了西北部。世界各处都探测到了其引发的震波，空气中的压力波传遍了整个俄罗斯和欧洲。在700公里以外都能看到这次爆炸，其引起的烟尘弥漫在空中，甚至导致太阳光散射到地球的另一面。在约1/4个地球周长之外的伦敦，半夜的天空变得像傍晚一样明亮，而白天则提前来临了。如果这次爆炸发生在美国的芝加哥上空，其光亮可以传播到田纳西、宾夕法尼亚以及多伦多，而发出的声音可以传到东海岸，而向南可以传到亚特兰大，向西可以传到落基山脉。直到两个月后，一切才基本恢复正常。

外太空的某种东西撞上了大气层。之前也发生过类似的事情，亚利桑那州的陨石坑可以证明这一点，它源自一块岩石——准确的说是一颗小行星撞上了地球。然而，著名的通古斯事件却不同，这种不同在其后数年被发掘出来。1927 年，捷克斯洛伐克科学家库里克（Leonid Kulik）带领首个探险队进入了这片区域。如果这是一个太阳系的陨石碰撞事件，那么地面上应该有一些陨石掉下的痕迹。但是，现场没有发现任何陨石坑。他们发现，爆炸点的下方是一片巨大的沼泽平原，就像是有 1 000 台推土机瞬间清理了上面的森林，形成了如同伦敦大小的一片平整的地基，而地基的周围是一个环形的炭化的树木群。在炭化群之外，树木像火柴棍一样地散开倒下，应该是被剧烈的飓风似的冲击波刮倒了。该地的生命体完全被摧毁，之后约 1/4 个世纪一直没能恢复。在此之后，人们曾将当地的土壤挖掘了超过 30 米深，但是没有找到任何陨石，也没有发现任何陨石落下来的证据。

那些当天撞上地球的东西，都在这薄薄的空气层中消失了。1965 年，由一位物理学家、一位化学家、一位地质学家组成的三人小组检查了所有的证据，试图一劳永逸地判定当时到底发生了什么。他们找到了幸存的一些树木，其姿势很好地显示了当时冲击波袭来的轨迹。

他们通过这些推算出了风的强度；同时核证，使得能让这些树木燃烧所需要的能量也被计算出来。根据记录，他们还发现地磁场被干扰了，而地震仪也记录下了其引发的地震强度。

他们拿到了爆炸当时的闪光强度和持续时间的报告，并将其引入计算模型之中。通过推算，这次爆炸在数秒之内释放了约 1 000 万亿焦耳的能量，和整个英国一小时消耗的能源量相当，[②]几乎等同于一次核爆炸。

当然，有人怀疑这次事件本身就是一次人为的核爆炸实验，但在 1908 年时，很多众所周知的核科学家还没有出生呢。如果真的是物质的内核发生了爆炸，那么必须有一些自然的诱因才行。通过分析爆炸得到的初步证据以及爆炸区域物质的神奇消失现象，和一种假设非常一致：罪魁祸首是一个反物质，其形态大约是 1 米见方的一块反岩石，它摧毁了包括原子核在内的一些东西。之后的内容中，在我们知道了反物质的一些性质后，我会再次重新审视这些证据。

1.2 强大的反物质

通古斯事件的巨大规模提醒我们反物质的潜在能量不可小视。如果我们随手捡起一个物质当作燃料，那么反物质就是那束可以点燃燃料的星星之火，至少从理论上来说，反物质几乎是一种最好的将物质能量释放出来的方法。

宇宙大爆炸形成的物质结构中包含有巨大的能量，这些能量凝结成粒子，粒子组成原子，原子组成万物。通过释放内部的这些能量，化学反应和核反应可以将物质结构重排。但相比起数十亿年前物质形成的时候禁锢在其中的能量，即使现在最剧烈的爆炸也是微不足道的。

生物就像一个化学工厂，通过碳、氧以及其他元素的化学反应将能量从源物体中释放出来。你的体温变化和爆炸冲击波强度之间的不同主要是其中包含的时间尺度的差异。在我们体内，能量通过发热的方式缓慢释放，使一个正常人的体温保持在 37 摄氏度左右。当我们体内遇到诸如流感病毒这些入侵者时，体内的反应就会加剧以提供能量来抵御入侵者，结果就会使得体温略微升高，导致发烧。而化学爆炸本质上和体温变化原理没什么不同，它只是发生得快很多。适量的餐食足以提供你身体机能正常运转数小时所需的能量，但如果这个时间被压缩，以至于这些能量在一毫秒内完全释放，结果就会是一次爆炸。

但戏剧性的是，普通的火箭发射，甚至是最剧烈的化学爆炸，其释放出来的能量也只是原子内禁锢能量的十亿分之一而已。原子内部的能量大部分储存在原子核中，当核火花被点燃，就会产生像广岛和长崎经受过的那种能量，在它面前，化学炸药完全不值一提。但即使是原子弹爆炸，释放出来的能量也仅仅是所有禁锢能量的千分之一而已。即使是聚变反应——比如太阳内部反应或者氢弹这种迄今所知的最强爆炸物——也只是用到了物质内部总能量的百分之一。要释放所有的能量，只能通过逆转亿万年能量凝聚成物质的过程，将物质再变成能量。

反物质就能胜任这项工作。一千克反物质的湮灭，释放的能量

是一千克 TNT 炸药爆炸能量的 100 亿倍，是相同质量核裂变能量的 1 000 倍，核聚变能量的 100 倍。

科幻小说里的反物质就更有魅力了，它可作为太空飞船的一种超级能源——比如《星际迷航》里面。美国国家航空航天局（National Aeronautics and Space Administration，NASA）也曾将反物质当作一种概念性的清洁能源来开展研究。如果广岛和比基尼环礁的核爆炸向我们展示了物质内部能量的千分之一能干什么，那么，根据公式 $E=mc^2$，将物质内部的所有能量全部释放出来时，结果将难以想象。

当我们了解了以上这些内容，就不会惊讶于各种反物质的报道了。2004 年 10 月的《旧金山纪事报》发表了一篇文章，叫“美国空军正暗地斥巨资研究如何使用一种剧烈的能源——反物质，它是普通物质的一种可怕的‘反面’，用以制造未来武器”。这篇文章震惊世界，进而以讹传讹，在印度传媒口中甚至变成了不仅仅是美国空军，“很多国家的防卫科学家都在研究反物质武器系统”，这种武器“小到甚至可以用手握住”。

当然，反物质不仅仅只存在于科幻界，它真实存在，而且似乎军方确实在研发反物质武器。我写这本书的主要目的之一，就是试图帮助读者区分反物质的相关故事中哪些是真实的，而哪些又是科幻的而已。

1.3　反物质的秘密

如果那篇关于军方的冒险研究的报道是真实的，即美国空军确实正在研究反物质武器。整个报道的故事信源应来源于2004年3月24日，位于佛罗里达州的Eglin空军基地弹药设备处的“新型弹药”团队长官爱德华（Kenneth Edwards）发表的一次演讲。在维吉尼亚州阿林顿进行的NASA先进概念研究所（NIAC）主题研讨会上，他受邀担任主旨发言人，在他的发言中，他提及了正电子这种基本的反物质粒子的应用前景。毋庸置疑，爱德华对于反物质的应用潜力十分感兴趣。他的讲话被很多媒体报道认为“几乎是颠覆性的”，将微不足道的一点点反物质释放出来其威力都如同天神一般。例如，50微克的正电子就足够产生1995年在俄克拉荷马城艾尔弗雷德·P.默拉联邦大楼内发生的爆炸能量，根据美国联邦调查局（FBI）的估计，这次爆炸当量大约相当于4 000磅的TNT，有168人被炸死，超过500人受伤。

这篇报道告诉读者，这种武器系统是“毁灭性的”，其“破坏力是难以想象的”；文章中没有说“将会”或者“可以”，而是直接用了“是”，说得就像是这种武器已经被开发出来了一样。反物质武器被说成是一种环保的武器：相比起普通的核弹，正电子炸弹“不会释放出丝毫的放射性核残渣”，[3]他们宣扬说正负电子湮灭的主要产物是不可见但是极其危险的强 γ 射线，“能瞬间杀伤大量军队，而不伤及平民”。

当《旧金山纪事报》的记者想进一步提问时，据说美国空军又“禁止下属公开谈论反物质研究项目”。对于阴谋论者而言，这几乎等于承认了这个事件的真实性：他们已经拥有了大杀伤性的反物质武

器（至少是类似的武器）。

而这些纷繁复杂的言论中，哪些才是真相呢？是否只是不切实际的空谈？是不是又和萨达姆在第一次海湾战争时期发展冷聚变武器的消息一样只是空穴来风？[1]

长期以来，美国空军以及其他美国政府部门都被认为在研究一些复杂的概念，希望“如果可行，那么美国必须首先拥有”。作为一个执业的高能物理学家，我必须承认，继开发了雷达和原子弹之后，政府在 1950 年间所支持的射电天文学、核物理与粒子物理，其动机并不是那么单纯的。在领略了科学家们从原子核内部释放出来的巨大能量后，接着他们又开发出了聚变武器（氢弹）。下一步，为了防止苏联首先开发出“下一个大家伙”，他们开始在冷战时期实行科学技术的蓝天计划。政府全然不顾很多冷静的观点，执意干这种几乎病急乱投医的事情。甚至心灵感应、意志摧毁以及反重力涂层等很多奇葩的研究都进行过，所以政府完全有可能考虑过反物质能源或反物质武器。但不同于前面三个奇葩研究只是说说而已，反物质是具有确切证据的，就像 1939 年的核聚变研究一样；而接下来的原子弹研发是应用科学与工程的一次艰苦探索。核武器的成功研制，更加坚定了美国战略家们的“必胜”信心。因此，反物质装置首次出现在了研究预算的目录中。

有人宣称，美国空军招揽了大量的科学家来研究反物质的基本

[1] 这个事件发生时，正好是我的书揭露冷聚变骗局的时候，不幸的是，我的书发行当天战争就打响了。BBC 害怕这个言论过于敏感，因此将采访内容压住没有发出去。而《纽约时报》就要胆大得多，在头版刊登了对于此事件真相的揭露。

物理问题，已持续了 50 年。而更有可能的是，在 1996 年之后成为热门的诸如欧洲的欧洲核子研究中心和美国的费米实验室这些公开的实验室进行的反物质研究，也在推动着军方的进步。在本书第 2 章到第 8 章，我们会谈到反物质的性质、它的历史、现在的机遇以及它的限制。在了解了这些之后，在最后一章我们会回来再评估一下以上的这些关于反物质武器计划的言论。

1.4 天然反物质

虽然我们附近不存在成型的反物质——哪怕是极小的一块也没有，但是我们还是可以通过一些自然的工序来制造出最简单的反物质——正电子——这种电子在反世界里的镜像。电子是最轻的带电粒子，在所有的物质原子中都存在，因此，正电子这种电子的反物质配对也极有可能是反世界中的反原子内的基本组分。在我们的世界里，很多元素都具有放射性，它们的原子会自发地放射出能量，其本身的组分会重排形成更稳定的结构。一些元素的原子核被称为“正电子源”。[1] 就像狗体内并不存在犬吠一样，这些原子内部并没有预存正电子，而是释放出来的能量创造出了正电子。

正电子会从原子内飞出，当遇到电子后它就会消失。由于我们的世界由原子构成，而原子都含有电子，所以正电子会很快撞上电子，然后这两个平衡的冤家就会消失，一闪成 γ 射线——一种远超

[1] 能量物质化后生成了一个物质粒子和一个反物质粒子——正电子。

出我们眼睛可见光谱范围的光。但是，特殊的仪器可以探测到这种射线，它被应用并制造成了医学 PET 扫描仪——正电子发射断层成像（PET）。[1] 反物质具有毁灭性，但是在受控的情况下它也可以拯救生命。

在更大的尺度上，在太阳内部也在不停地制造正电子。今天照射在我们身上的阳光，一部分就来自太阳内部 100 000 年前正电子，只是这些正电子产生后就立即湮灭了而已。

太阳大部分由氢这种最简单的元素构成。在太阳中心，温度超过 1 000 万度，氢原子被撕裂成了各种混乱组成的碎片，电子和质子独立随机地游动。质子间会偶然相撞，通过一系列的程序相互连接起来，最终形成氦的雏形——仅次于氢的最简单的元素。氦是这个聚变反应的残留物，其质量小于构成它的质子质量之和。这些损失的质量变成了能量，此时根据 $E=mc^2$，可以计算出最终释放出来形成阳光的能量。那么其中正电子发挥了哪些作用呢？一个氦原子核包含两个质子和两个中子。在适当的条件下，一个质子可以转化成一个中子并释放出能量，其中一些能量就会物质化成一个正电子，这与我们的 PET 医学设备中的正电子源内发生的情况类似。

太阳中心存在很多电子，因此处于中心的正电子很快就会毁灭，转化成 γ 射线。这些射线试图以光速迅速发出，但是会被带电粒子云所干扰，比如，沸腾的电子和质子云团。在发出的道路上，γ 射线与这些云团反复碰撞，被电子重复吸收，然后以更低的能量发出，

[1] 如果你曾经做过 PET 扫描，那么你就可能吸收过反物质！

最终这些 γ 射线需要数十万年才能到达太阳表面——这个离中心数10 万公里的地方。该过程消耗了射线很多能量，它们发生衰变，能级的跃迁使其性质转变为 X 射线，又从 X 射线变成了紫外线，并最终变成了五颜六色的可见光进入我们的眼睛。所以白昼的亮光来源于太阳中心产生的反物质以及其部分湮灭的结果。

这不仅仅是历史上发生的，当你看到这句话时，太阳内部的聚变过程正在制造正电子，而你还没读完这句话，这些反物质就已经湮灭了。而随之产生的 γ 射线已经开始向外艰苦地前进了，最终会在距今天 1 000 个世纪之后到达地球，照射万物。

正如这里所说，作为反物质的一种，正电子并不像很多人想的那么罕见。它应用在了医学领域、各种技术以及科学实验之中。在自然界的速度限制条件下，以光速为标准，它已经可以被加速到 50 米每小时。通过电磁场，人们已经可以将它聚焦成束，然后用来对撞摧毁另一束物质，瞬间产生的能量可以在一个小范围内再造一个时刻来描述大爆炸初期宇宙所经历的情景。因此，反物质有助于我们研究万物从何而来这个巨大的问题。

一个电子发生湮灭释放出来的能量，相当于 10 亿个原子发生化学爆炸时产生的能量。如果湮灭 1 克反物质（约 1/25 盎司），你获得的能量相当于点燃 24 架航天飞机内部承载的所有燃料。正电子能量转化可以成为一种革命性能源，这将极大吸引战争发动者，因为只用半克武器就能产生 20 000 吨的爆炸当量，与广岛原子弹的规模相当。④

如果反物质能够被制造出来并保存到需要的时候，那么它确实有潜力成为能源造福于太空工业，或者甚至作为摧毁军队的武器。而且我也相信，很多机构正在努力研究这些可能性。本书将会谈及反物质的故事，即：它是什么，它是如何被发现的，我们如何制造它，它会带来哪些机遇又会引起哪些威胁。书中也会评估反物质作为长途太空旅行燃料以及武器的诸多现实的可能性。

2
物质的世界

/

如果某天你恰好看到了一块反物质，你应该不会特别注意到它：从很多外部性质上说，反物质与普通的物质看起来没什么区别。它的伪装堪称完美，以至于看起来完全是物质家庭的一员，而它内在的破坏一切遇到的东西的能力使它看起来更像“特洛伊木马”。那么，什么是反物质呢？你可以简单地说它就是物质的对立面，但这个“对立面”的实质是什么呢？当你了解到反物质可以湮没所有遇到的东西的时候，会使你感到骇然，但是是什么赋予了反物质这种力量呢？

要开始了解反物质，首先我们需要认真了解一下平常的物质，比如我们自己。人体的特性是由我们的DNA编码决定的，DNA是一种小型的由复杂的分子组成的螺旋结构。这些有序的分子是由原子构成的，而原子是可以保留元素性质的一种元素的最小结构——如碳或氢或铁元素。

氢原子是所有原子里质量最轻的，在大气中趋向于上升并逃逸到外太空。因此，氢在地球上相对稀薄，然而在宇宙的大尺度下它却是所有元素中最常见的。大部分的氢都是在大爆炸后迅速形成的，所

以几乎都有140亿岁了。

巨大的氢球体形成了恒星释放出光，比如我们的太阳。正是在这些恒星内，元素呈现出了完全的多样性。几乎所有你呼吸的氧气、你的皮肤和这本书用到的碳都是来自50亿年前的恒星，当时地球第一次形成了。所以，我们都是星尘，或者如果你没那么浪漫，可以说我们都是核废物——因为恒星是核反应炉，氢是其中的主要燃料，产能以星光的形式发出，剩下的元素就是“尘”或者说废物。

为了说明原子到底有多小，我们以句尾的句号为例：这个句号的点，包含了大约1 000亿个碳原子，比地球上曾经出现过的所有人类都多。要想裸眼看到这些单个的碳原子，你大概需要将这个句号的点放大到100米的直径大小。

碳元素的原子可以组成不同的形式，比如钻石、石墨和黑炭——油墨、木炭以及煤炭。反物质同样含有分子和原子。反碳的原子可以形成反钻石，其美艳和坚硬与我们常见的钻石丝毫不差。反油墨和油墨一样黑,用它在反书上面印的句号和你现在看到的句号没什么两样。反句号也需要放大到100米的大小才能看到其中的反碳原子。如果这种放大得以实现，我们会发现反碳原子内部哪怕最细微的结构都和碳原子完全一样。因此，即使在原子这样的基本尺度上，物质和反物质看起来都是相同的：他们之间的不同点埋藏得更深。

原子已经非常小了，但它还不是最小的物质。只有当我们进入原子内部，与形成原子的基本源种不期而遇时，才能揭示出物质和反物质之间深层次的分别。

每个原子都拥有一个复杂的内部结构。原子中心是致密而紧凑的原子核，占有了原子的绝大部分质量。虽然将句号扩大到 100 米后就可以看到原子，但想要看到原子核就得把这个尺度扩大到 10 000 公里了，这几乎与地球两极之间的距离相当。这也适用于反句号和反原子。只有在这么高的精度下，我们才能初步发现物质和反物质的细微差别。

爱因斯坦相对论中深奥的时空纠缠，主宰原子内部的迷人的短暂不确定世界——当这两个理论结合起来之后，一个惊人的蕴含就出现了：如果只有我们所知的物质的基础源种，自然界不可能得以运行。对于每一种次原子粒子，自然界都被迫允许一个负像，一个镜像反面，它们每一个都遵循与普通粒子相同的苛刻法则。正如我们熟悉的粒子构成了原子和物质，它们的反面构成了反物质——这种初看和普通物质相同但是本质上却完全不同的东西。

2.1 物质和反物质

在原子内部，存在旋转的电流、强力磁场以及电力，这些作用综合起来会吸引一些东西同时排斥另一些东西。在反物质内部的原子中，这些电流、磁场和电力依然存在，但是它们的极性发生了翻转：北极变成了南极；正电荷变成了负电荷。想象将我们的句号和反句号放大到 100 米的尺度，此时我们可以看到其中单独的原子和反原子。将一块微型磁铁朝原子的外部轻轻地推进，并同时对反原子进行相同

的步骤，看看都会发生什么。对于其中一个发生的情况，如略微向左的弯曲，在另一种情况下就变成了略微向右的镜像曲线；前一个若是受到推力，后一个则受到拉力；前一个是被排斥，后一个则是被吸引；前一个是安全的，而后一个则面临湮灭。

这些力量的源头是带电的原子核。就像磁铁拥有南北极，使得它可以吸引或者排斥其他物体；电荷也会同性相斥异性相吸。在普通物质内部，原子核都带正电；而原子外围的小型轻质的电子带负电。氢是最简单的元素，一个氢原子含有一个电子，这个电子远离中心原子核并绕着它飞行，而原子核内还包含着一个质子。

正是异性电荷之间的相互吸引，才使得带负电的电子围绕着遥远的中心带正电的原子核旋转。得益于原子内部深处的这些电磁力以及它们向外的延伸，分子和宏观结构才能够组织起来并相互支持——比如晶体、生物组织、岩石以及生物等。

万有引力控制着星系和星球的构成与轨迹，它使得苹果落地，使得人类可以在地球上立足。然而电磁力却赋予了我们形态和结构。虽然电磁力比万有引力强得多，但在大块的物质内部正负电荷的吸引力和排斥力趋于平衡抵消，而万有引力只相互吸引，所以后者就占了上风。故而，虽然我们体内原子深处存在着强烈的电力，但我们几乎感觉不到它们的存在，并且我们自身也不带电。

然而有很多迹象都在显示这些内部结构的存在，当内部的正负电荷没有精确抵消时就会更加明显地显露出来。电荷不平衡的结构会导致电火花，比如闪电内部；磁铁会吸引一块金属，克服下方整个地球的引力把金属提起来。从更大的尺度上来说，地球内核里的旋转电荷将整个地球变成了一个大磁铁，当我们将一个小的指南针放在地磁场中时就会发现它会指向地磁的南极和北极，这也揭示了地球内部结构的存在。

以上就是 1928 年当人类最初开始研究反物质时所知道的一切。根据狄拉克（Paul Dirac）、安德森（Carl Anderson）、米利肯（Robert Millikan）的理解，原子们正是反物质的传奇舞台上的主角，其包含有由大量质子构成的致密簇团，其中的正电荷能吸引带负电荷的轻质电子在其远处旋转。[1] 在理解了这些知识之后，我们就可以开始领会反物质的概念了。

大块物质的存在，其中蕴含着诸多电磁法则，这些法则可不管物质的哪块带正电哪块带负电。如果在某种情况下，我们将正变成负、负变成正，结果导致的力是不变的，而这些力形成的结构也不变。假想一下，所有的带负电的电子都变成带正电；而作为补偿，所有的质子都带负电，那么原子的外貌不会发生任何变化。

这种电荷的交换就会将我们所知道的物质变成所谓的反物质。反氢的一个反原子会包含一个负的“反质子”，而其外围旋转着一个带正电的“正电子”。狄拉克是首位预言这种物质的镜像存在的科学家，他在获得 1933 年的诺贝尔奖时曾对这个谜进行了总结：

我们必须注意到，地球（以及可能整个太阳系）主要含有负电

[1]　根据电力的基本性质，质子团内部的质子之间会相互排斥，最终导致质子团的崩溃。但是，经验和实验都表明还有另一个更加强大的力在作用，这个力会作用于质子但不会作用于电子，这个力将质子约束在一起形成原子核。

子和正质子这件事稍微有点偶然。对于其他一些星球而言，很有可能处于另一种情况：这些星球构成的主要成分是“带正电的电子”和“带负电的质子”。

在强大的科学预感以及对正负之间深层次对称的完全理解的基础上，他认为半数的星球处于一种状态；而另一半处于另一种状态。这就是我们今天所谓的物质和反物质，但是当今天我们仰望夜空观察那些星球时，暂时还没有办法分辨哪些处于哪种状态。

2.2 光谱和量子电子

只有在次原子尺度下，这两种质体的对立形态才会显现出来。这个尺度下的法则不同于我们在宏观世界中的经验。可能正是在试图理解这些法则内涵的过程中，科学界才偶然发现了反物质的必然性。

通常可见的东西内部都含有无数亿个原子，而牛顿运动定律决定了这些宏观物体的运动规律，从而可以准确预言台球的碰撞和运动轨迹。但对于单独的原子以及其内部粒子而言，其形成的是一个不确定的世界，可以被预言的只有事件发生的相对概率。对于台球而言，相互碰撞和运动会按照固定的轨迹；一束原子在某些角度上的散射概率也会比另一些角度大，最终形成强弱不同的区域，就像水波穿过某个缺口之后形成的波峰和波谷一样。

单个原子的行为可能看起来是随机的，但实际上它并不是这样。描述原子行为的法则称为“量子力学”，它可以预言出某个特定原子

进行某种行为的概率。就像我没法确定地预言一次掷硬币的结果是正面还是反面，但是如果我掷了数百万次，我却可以确定正反面的概率基本接近于 1 ∶ 1；而且投掷的次数越多，我预测的概率就越准确。这同样适用于多个原子。量子力学的基本定律也适用于单个原子；我不能准确预言单个原子受到碰撞时会发生什么情况——它会类似于掷硬币的正面还是反面落地，但是当数百万的原子参与进来时，正面和反面出现的概率就会逐渐显现出来。当考虑到大量的原子时，牛顿确定性定律就会从潜在的量子准则里浮现出来。

根据牛顿定律的预言，由物质构成的球的运动和反物质构成的球的运动会完全一样：数十亿个原子和数十亿个反原子会表现出相同的特性。尽管如此，物质的双极性潜伏在一些独特的原子中，在这些原子中量子准则支配一切。当这些量子准则与爱因斯坦的相对论结合起来时，就揭示出仅有物质这一种形式是不够的：大爆炸中进行的创造一定产生了两个能相互抵消的种类。

现在流行的学说中，原子经常被描绘成形如一个微型的太阳系，其中电子像行星一样围绕着中心的核太阳旋转：小东西围绕着中心的大家伙高速运动。但是，当这个构想第一次被提出时，人们对此是很恐慌的。

地球每一年都会绕太阳公转一圈，这种事情已经持续了超过 40 亿年，从未被打破过。作为比较，考虑氢原子中的这个电子，它似乎绕着中心质子以约光速的 1% 在旋转，一秒钟可以旋转上千万亿圈。

换种说法：也就是在百万分之一秒内，电子绕着中心质子旋转的圈数，超过了整个历史上地球绕着太阳旋转的总圈数。这个观点出现于 20 世纪初，根据当时的理论，这种高速旋转的电子会放出大量的电磁辐射，以至于它会在电光火石之间就以螺旋型轨迹下坠到原子核上去。那么，原子怎么能得以幸存呢，万物又是如何得以存在的呢？

对于这些问题，量子理论给出了答案。如果我们考虑一个小于百万分之一微米的距离，这个距离相当于原子的尺度，此时我们日常积累的经验就完全不起作用了。

1900 年，普朗克（Max Planck）向人们展示了光波是以一个明显的能量“包”或者能量“量子”的形式发射出来的，这被能量“包”称为光子。1905 年，爱因斯坦提出当光穿过空间之后仍然会保持这种“包”的形式。这是量子理论的萌芽，该观点认为粒子有神奇的性质，它不在这儿也不在那儿，而是“最有可能在这儿，不太可能在那儿”。在量子力学中，可能性代替了确定性，而这个可能性会像水波一样上下浮动。这个观点的首个成就，就是解释了为什么原子得以幸存。

概率的量子波可以被想象成一条长绳上的波动。如果将这条长绳像套马索一样接成一个圈，任何波的波长都会不得不恰好与这个周长匹配。把这个圆圈想成一个钟面。如果有一个峰处于 12 点位置而一个谷处于 6 点位置，那么下一个波峰就会正好与 12 点位置重合。但是，如果波峰在 12 点，而波谷在 5 点，那么下一个波峰就会在 10 点，导致 12 点位置在波的打击下变得混乱。1912 年夏天，丹麦物理学家波

尔（Niels Bohr）认识到电子沿着原子循环的概率波也必须与每个圈都完全吻合；电子不能想去哪就去哪，而是只能在那些与它们的波长精确匹配的轨道上。尤其是它们不能像螺旋一样坠入原子核发生核毁灭：原子是稳定的。（见图 2.1）

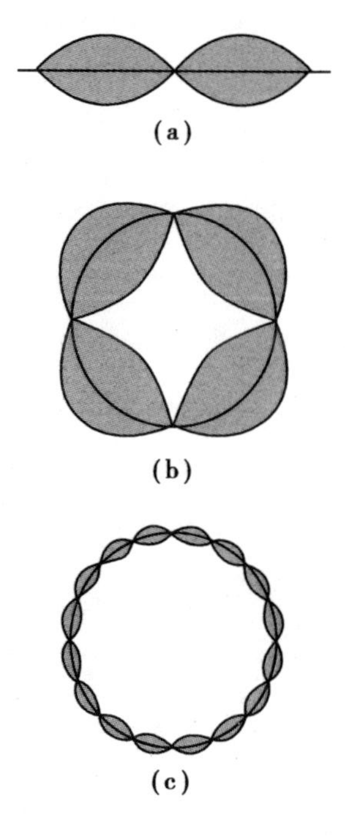

图 2.1　波要想幸存，就必须与圆圈匹配

这些量子波也解释了一个困扰人类200年的谜题：原子光谱现象。相对而言，人们更容易引出原子内部发出的光，并重现出这些光独特的光谱。要做到这一步，你可以把一些元素——比如钠——放到火焰上烧，然后通过一个棱镜或者衍射光栅来观察这些光（它们可以将光

内部的不同颜色成分分开）。你会看到它包含一系列明亮的线。对于钠而言，它会含有两条特别强的橘黄色线——我们现在常用的钠基街灯发出的黄光就源于此。类似地，汞蒸气灯会发出蓝绿色光，而很多星星的照片中看到的粉色的光是因为氢趋于发射彩虹中远红端颜色的可见光。这些美丽的色彩模型需要一个合理的解释：是什么导致了它们的出现？为什么不同元素的色彩不同？现在我们知道，它们来源于原子内部电子的量子跃迁。

只有当电子从一个轨道移动到另一个轨道时，才会发出光。如果初始轨道上只能容纳高能电子，而这个电子又转到了一个低能轨道上，那么这两个轨道能量之差就会以光子的形式发射出来。系统的总能量保持不变，只是进行了再分配。所以发出的光子只能具有某些不连续的能量，而这些能量由电子能进行的特定跃迁来决定。光子能量的不连续性（离散化）在我们眼睛看来就是不同的颜色。其结果是：不同元素发射出的光的色谱是不同的。由此，通过分析自太空入射而来的光谱，我们就可以知道宇宙中遍布着哪种元素的原子。这些色彩模型是一种可见的证据，证明量子波的存在，其确定的概率支配着基本粒子内的次原子世界。

2.3 自旋的电子

我们所处的物质世界存在一个神奇的倒影——反物质王国，而电子是反物质王国的使者。1897 年，汤姆森（J. J. Thomson）首次将独立的电子从原子囚笼中释放出来，从此我们便知道了电子的存在，以及它在原子中的运动导致了光谱的形成。甚至在汤姆森确定无疑地证明它之前，科学家们就已经相信这种原子组分的存在，而且推断这种组分带电并且具有双磁性,类似于常见的条形磁铁的南北极二元性。经过半个世纪之后，狄拉克对此进行了解释，这也使他得以预言反物质的存在。

1896 年，荷兰光谱学家塞曼（Peter Zeeman）发现，当强力磁铁靠近他的样品时，钠发出的明亮黄色光带会发生略微的改变。这个光带通常非常锐利，位置也非常清楚，但是塞曼发现磁场会使得这个光带展宽。之后，人们发明了更强大的仪器，通过这些仪器发现这种貌似的展宽实际上是将一条光带分成了两条或者更多。这种光带的劈裂非常细微，导致塞曼当年无法看到，还以为是一种模糊展宽，就像没戴眼镜的近视眼看到的一样。

后来被证明，这是因为电子具有磁性。就像根据两块磁铁的南北极摆放一样，它们会相互吸引或排斥，电子在磁场中运动时其能量也会受到影响。结果会导致发出的光子能量会略微改变，最终改变光谱线的模式。

塞曼的这个发现被称为“塞曼效应”，它揭示了电子会像一块微型磁铁一样自身拥有南北磁极。这就使得电子具有一种能够自身旋转的特性，被称为“自旋”。自旋在磁场中的方向可以有两种：顺时针或者逆时针。现在的观点认为,电子没有可测量的大小用来“自旋”，从而使得“自旋”这个词在日常生活中没什么意义；但是物理学界常

用这个词，特别是涉及这些奇特性质的时候。电子具有这种二元性的假设曾经成功解释了原子光谱中大量的数据问题,但是经过了很多年，“自旋”的概念也仅仅停留在对大量数据的一种孤注一掷的尝试上。这个特性从何而来？它为什么会发生？为了解释这些谜题，狄拉克结合了相对论和量子力学。

2.4 E 代表爱因斯坦，并且 $E=mc^2$

当量子定律与爱因斯坦相对论相互结合时，就会发现“自旋”和反物质都是物理世界必不可少的特性。爱因斯坦首次发现了能量的实质，得出的结论震惊世界：物质是禁锢的能量。当能量凝聚成物质粒子时，它会产生一个负的烙印，这就是反物质。而正是狄拉克首先发现了这个极其深奥的真理。

牛顿在300多年前就发现了经典的运动定律。第一条是惯性定律:物体是“懒惰的”，不受外力作用时会保持静止或者匀速直线运动的状态。物质本身有一种阻性以防止其稳定的状态被打破：经验告诉我们，要移动一片树叶可远比移动一块铅砖容易。牛顿宣称，如果相同的力作用到两个物体，它们的相对加速度就是其固有惯性或者质量的一个大小程度的反映。

我父亲的第一个谜题的核心特质就是一个不可移动的物体，那么它的质量就必须是无限大的。这种概念是不可能存在的，至少在牛顿力学中是这样，因为宇宙中各种物体的质量虽然大但都是有限的。

然而，爱因斯坦用他的相对论改变了我们的世界观，这个理论认为空间可以卷曲，时间可以变形，也使得无限质量的东西变成现实，这种东西对加速度具有绝对的抗拒。

如果某个物体处于静止状态，然后你用一个力作用于它一秒钟时间，它的速度会增加一个值，比如 10 米每秒。现在，用相同的力再作用一次。根据牛顿定律，以及日常经验，它的速度会再增加 10 米每秒。如果反复作用，物体速度会变得越来越快，不受限制。然而爱因斯坦认为，如果你能够非常精确地测量物体的速度，就会发现如果物体从静止开始第一次加速得到了 10 米每秒的速度，那么第二次受力加速后得到的速度增加会略微小于 10 米每秒；随着速度的增大，要对其加速会越来越难。如果物体速度接近光速，那么施加的力将几乎不能再对物体进行加速了。

只要我们面对的物体速度远小于光速，那么牛顿定律就是对实际运动定律的一个卓越近似。由于光速高达 30 万公里每秒，所以日常生活中牛顿定律已经非常准确了；但是如果考虑粒子加速器中的电子，其速度接近光速的百分之一，此时就需要运用更复杂的爱因斯坦理论了。

在爱因斯坦相对论中，随着物体的速度增加，其质量也会增大。当接近光速时，质量增加会非常快，使得物体对于加速度的阻抗增大。最终，当物体达到光速，其质量就会变得无限大。所以如果一个物体有质量，那么就不可能被加速到光速；能以光速运动的物体一定是没有质量的，比如光本身！

诚然，惯性会随着速度变化这件事情不太符合我们的“常识”，但是多年的高能物理实验已经证实了它的真实性。在高能实验室中，比如欧洲核子研究中心，物质粒子沿着轨道飞行，突然与反方向飞来的反物质束线对撞，这种电光火石的反应，只能引入相对论才能研究其中的奥妙。

由此得出一个结论：能量与运动之间的关系，虽然自牛顿就开始研究，然后被新的量子力学先驱赋予各种假定并在描述原子和电子行为方面获得了初步成功，但实际上要更加复杂得多。

爱因斯坦相对论引出了一个惊人而又意义深远的结论：即使静止的物体也具有能量，只是被禁锢在了构成其本身的原子的内部。能量大小的值“E”可以表示为它的经典等式：

$$E=mc^2$$

其中，m 表示质量，c 表示光速。这是物质的内在性质，与运动状态无关。

对于运动中的物体，总能量还必须包括其动能。你大概会自然而然地想，只需要把动能和质能（mc^2）加起来即可。这本身没什么问题，但当物体运动时其质量 m 会增加，导致 mc^2 也会变化。虽然计算这种总能量的过程非常烦琐，但是计算得到的运动物体的总能量 E 的结果却很简单。首先将动能的平方和质能（mc^2）的平方相加；其次，对这个和求平方根，就得到了所要的结果。下面我们举例，如果一个物体静止时能量为 4 焦耳，而运动起来后拥有了 3 焦耳的动能，那么总能量就是 5 焦耳（3 的平方加 4 的平方，等于 25；25 开根号就等于 5）。

对于这个总和，可以用一种形象的表示方式（见图 2.2）：画一个直角三角形，其每个边就可以和各个能量对应。三角形的底边代表质能（mc^2）；竖直边代表动能。[1] 那么斜边就代表了物体的总能量。想想我们古人的口诀“勾三股四弦五”，我们就能很容易计算出运动中的物体的总能量 E：总能量值的平方，等于质能（mc^2）的平方加上动能的平方。

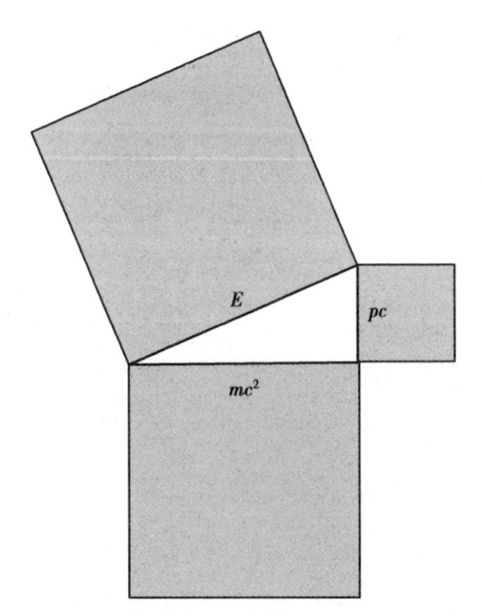

图 2.2　爱因斯坦，能量以及毕达哥拉斯定理。爱因斯坦相对论认为，运动物体的能量 E 正比于直角三角形斜边构成的正方形面积，三角形的底边正比于其静止能量（mc^2），而其运动能量正比于动量与光速的乘积（pc）

[1] 如果你需要更精确的数学表达，它实际上表示的能量来自动量乘以光速：通常动量表示为 p，而光速表示为 c，因此结果是 pc。所以，物体的总能量，即这个三角形的斜边可以表示为：$E^2=(mc^2)^2+(pc)^2$。

反物质

爱因斯坦相对论中关于能量本质的描述令人惊诧不已。首先，静止的质量物体内部具有能量 mc^2。其次，即使没有质量的物体，比如以光速运动的光子，运动也会导致它具有能量。由于总能量守恒，所以一束光中的能量有可能转化成物质中禁锢的能量。

但是，一束不带电的光，怎么就产生出了一个带负电的电子呢？故事讲到这里，我们就要引入物质的两种自然形态了。带负电的电子其实有一种带正电的形态，被称为正电子。光子是光的粒子，它的能量被禁锢在物的两个互补的部分中。该过程也可以反过来进行：一个负电子和一个正电子可以互相湮灭，其特有的能量会以光子的形式向外以光速发射开去。

光是最单纯的能量，而由单纯能量产生物的这种事情看起来近乎神圣。通过物质的负像——反物质，我们和造物的上帝联系上了。从这里开始，我们来看看宇宙是如何从大爆炸中产生的。致密的热和带有巨能的光凝结成了物质和反物质这两个平衡的部分。爱因斯坦的相对论，结合其中能量本质的深刻蕴含，暗示了在时间之初物质是如何创造出来的。其中的核心观点是，物质具有一个镜像——反物质。虽然相对论解释了能量的来龙去脉，但只有当相对论与量子力学结合起来之后，才揭示出了自然的全部能量。得益于这两个 20 世纪最伟大理论的联合，反物质理论才最终产生。

3
石　碑

/

3.1　保罗 · 狄拉克

我在十几岁的时候，对科学还没多大兴趣，每天泡在彼得镇的图书馆里面看各式各样的书。图书馆要求每次借阅时间不超过两周，管理员会在你借书的时候在书签上面盖章，以提示归还日期。对于一些热门书，附夹的书签上面盖满了密密麻麻的章。那时候可没有亚马逊网上书店，而这些章可以告诉你哪些书可能更有趣一些。很多人根据盖章的多少来决定借什么书，但是我慢慢厌倦那些热门书了——每个人都读过就没意思了，所以我想知道什么书压根无人问津。经过调查，很多书只被借过一两次，但是通常都是因为它们是新书，刚刚上架。但是功夫不负有心人，我最终找到了一本入库很多年，却只被借过一次的书。

我把它借出来，成为了第二个借阅者。但是我只读了序言的第一段，就把它还了。书里一直说“正交性”，我压根不懂，而我的爸爸也解释不清楚这本书在讲什么。这件事我记忆犹新——父母在我的人

生中第一次变得束手无策；很显然，这本书对于我而言是非常特别的。

10 年之后，在理论物理专业本科学习的最后一年，我偶然地又看到了这本书。这一次，我已能看懂其中大部分内容了，但还是有很多疑问和困难。这本书叫作《量子力学原理》，作者是剑桥大学的数学家保罗·狄拉克，1930 年出版。而且我发现，不仅是我和我父亲，几乎所有人都难以理解原版书中的各种理论。1935 年，该书推出了第二版，新版书发生了翻天覆地的变化，以至于在之后的 20 多年一直被作为量子力学的经典教材，虽然它读起来也没那么容易。这本书堪称简明逻辑的一个范例，充满了数学公式，辅以文字标注。狄拉克在书中描述了他对于物理的独特的、革命性的理解，包括著名的狄拉克方程——这个方程预言了正电子这种最简单的反物质粒子的存在。[1]

我们对于反物质世界的首次了解并非源于实验，也非来自于偶遇，而是来自于狄拉克方程中漂亮的数学模型。五线谱上的小勾、半音符、十六分音符等都只是一些符号，而音乐家能将它们解读并演奏成曼妙的音乐；类似地，这些枯燥的公式最终也能够揭示自然的和谐之声。狄拉克无疑是数学这门语言中的超级大师。1995 年，为了纪念他，一块纪念碑被安放在了英国的威斯敏斯特教堂（英国名人墓地），如图 3.1 所示。这块纪念碑的旁边就是牛顿的纪念碑，以纪念这位最伟大的物理学家。狄拉克的纪念碑上篆刻了他最著名的方程，这个等式揭示了反物质世界。对于大多数参观者而言，这个方程完全

[1] 后来我曾抽空回到彼得镇的图书馆，找到了 10 年前我借的那本书。在确认了这本书是 10 年前那本之后，我看了其中书签上的借阅章，上面仍然只有两个记录，其中一个就是我的；我也一直不知道在我之前第一次借阅这本书的人是谁。

不知所云，但是看起来仍然有一种未经雕琢的美感。而对于那些学过相关理论的人而言，狄拉克方程中蕴含的创造性、力量和优雅，毫不逊色于莎士比亚或者贝多芬创造的作品。

图 3.1　威斯敏斯特教堂中的狄拉克纪念碑，以及上面的狄拉克方程。符号 γ 代表附录 2（狄拉克密码）中描述的“伽马”矩阵

狄拉克的父亲是瑞士人，后来移居到英国的布里斯托尔当老师。在狄拉克家中，法语和英语享有相同的地位，所以狄拉克从小在双语环境中长大，不过他异常的沉默寡言。关于他的不爱说话和不善交流，有很多的传言。但是更多的传言是关于他巨大的数学天赋和才能。他的演讲充满了数学才华，言辞精确，甚至连专家们都望而生畏。在多伦多大学的一次演讲中，一位观众委婉地问道“我不明白您是怎么得到黑板上的公式的”。现场一片安静，过了好一会儿，在主持人的提醒下，狄拉克才说：“你说的不是一个问题，只是一种描述”。①在大学的宴会上，谁会有幸坐在这位沉默的数学家旁边，一直是一个微

妙的话题。一次偶然的机会，小说家福斯特（E. M. Forster）参加了宴会，主办方突发奇想将这两人安排坐在一起；福斯特也是一个不善交流但是精于写作的人，而狄拉克正是他的忠实读者。那晚发生的事情有些民间传闻，虽然有点荒诞，但是根据内容来看也有可能是真的。

在前菜阶段，一切如常；但是当主菜端上来后，根据福斯特的书《印度旅程》所写，狄拉克探头看了看，问道“那里面是什么？”这就是狄拉克整晚说过的唯一一句话。福斯特一直在考虑狄拉克的问题，但是一直没说话。他一边吃一边想。直到饭后甜点端上来，福斯特才给出了他的答案：“我不知道。”

虽然狄拉克不善于人际交往，但和福斯特一样，他通过书写来表达自己。他在 1928 年将量子理论中的观点融合起来，并与爱因斯坦的狭义相对论相结合，创造出了一套全新的数学语言。当时看来，这套理论陌生而又离奇，但如今它已成为理论物理的标准教程，被相关从业者广泛运用。

3.2 合二为一

力学是研究运动的科学。它用于描述物体随着时间的移动方式，每秒钟移动的距离越远，速度就越大。如果一个运动的物体撞上你，你受伤的轻重程度不仅要看它运动的速度有多快，还要看它的质量有多大。这里处于主宰地位的是动量：质量和速度的结合体。力学也研究能量，特别是运动产生的能量——动能。根据日常经验，动能正比于速度的平方：这就是为什么网球比赛中很难发出高速球——要使速度增加 1 倍，你给网球的能量就必须增加到 4 倍。

我们无法同时精确测定粒子的位置和动量，但是对于包含数以亿万原子的宏观物体而言，这种不确定性可以忽略不计。然而，对于非常小的东西，比如原子以及更底层的粒[illegible]不可知性”就变得影响很巨大了。普通力学的基本[illegible]这种不确定性，而产生的结果就是我们所谓的量子[illegible]

与普通力学一样，量子力学方[illegible]能量、动量、时间和位置。只要你知道粒子的能量、质量和动量之间的关系，量子方程就能计算出任何时间点将会发生的事情。而问题的关键就是要确定这种关系。

量子的概念萌发于 20 世纪初，有观点认为光波可以看成是一种粒子，称为光子，而电子等粒子也具有波动性。然而一直过了 20 多年，量子力学方程才被发现。

1926 年，薛定谔成功描述了慢速粒子情况，这里的“慢速”是相对于光速而言的。“薛定谔方程”解释了原子中电子的行为，发现氢原子中的电子实际上的运动速度高达两千公里每秒。一般看来这个速度已经很快了，但其实还不到光速的百分之一。薛定谔的理论是有效的，直到今天仍然广泛应用于原子物理领域。

薛定谔方程同样解释了为什么在磁场作用时，电子在原子内的轨道运动会出现特殊的色线。尽管如此，它并不能解释电子自身固有的“自旋”。薛定谔的理论中并不包含电子的这种广为人知的属性。

人们需要一种更加完备的量子力学理论，能够包含自旋，同时又能够应用在相对论速度下。

这个挑战开始于爱因斯坦相对论中能量的微妙性质。回想一下，一个质体含有能量（$E=mc^2$），无论它是运动的还是静止的，这个能量都被禁锢在了其中的原子内部。就像我们在前面看到的一样，总能量的计算公式类似于直角三角形的毕达哥拉斯定理，“斜边长的平方等于直角边长的平方和”。对于运动的质体，总能量的平方（E^2）等于静止能量的平方加上运动能量的平方。

奥斯卡·克莱因（Oscar Klein）曾经试图使用E^2和爱因斯坦的“斜边”关系来概括薛定谔理论。就像25开根号之后，可以得到+5或者−5，所以E^2开根号之后也可正可负。由于三角形的斜边长度只能为正不能为负，爱因斯坦的斜边关系中允许的能量的负解被认为是一个谬误。即便如此，人们仍然感到心神不宁。最初的方程中能量已经被平方了，这就引出了问题。为了避免这种问题，狄拉克决定将自己的推论源头约束在E而非E^2。

这种尝试看起来自然而然，但是做起来可没那么简单。他面临的问题首先是如何找到斜边长（能量E）和其他两个直角边长（静止能mc^2和运动能）之间的关系，再就是要求每个边长都只有一次方，不能使用平方。正是在这项工作期间，他的量子力学基础才相继各归其位。

要实现这种计算，狄拉克需要找到两个量，每个量的平方都等于1，而相互的乘积等于0，这看起来似乎不太可能。乘积为零意味

着其中一个量必须为零，那么这个量的平方就等于 0，不可能等于 1。

很多人千辛万苦地走到了这一步，最后还是放弃了，他们坚信这是一个不可能完成的任务。但是狄拉克找到了完成这个任务的一个聪明的办法。如果你有兴趣知道他是如何通过数学技巧解决了这个问题的，请参看附录 2 中的“狄拉克密码”。

狄拉克立即意识到，如果这两个量是简单的数，那么不可能得到这种结果；但如果它们是矩阵这种“二维数”就可以：这个数组包含两列，每列有两个数。数学家们已经找到了矩阵相加和相乘的规则，并将其广泛用于工程、电力和磁力的计算等诸多方面。它具有一个有趣的性质，正是解决狄拉克谜题的关键所在：如果你将两个矩阵 a 和 b 相乘，则 $a \times b$ 的结果与 $b \times a$ 的结果并不一定相同。乍一看这有点古怪，但实际上我们的生活中很多事情都告诉我们：顺序是很重要的。

玩过魔方的人都知道，将顶面顺时针旋转，接着将右面向后转，如果将这两步的顺序颠倒，得到的结果将会完全不同。如果换成骰子，将会更通俗易懂（参见图 3.2）。如果将骰子先沿顺时针再沿竖直线旋转，和先沿竖直线再沿顺时针旋转得到的结果是不同的。这就是为什么矩阵可以极好地用于三维空间中旋转物体的轨道描述上，因为此时顺序变得重要了。

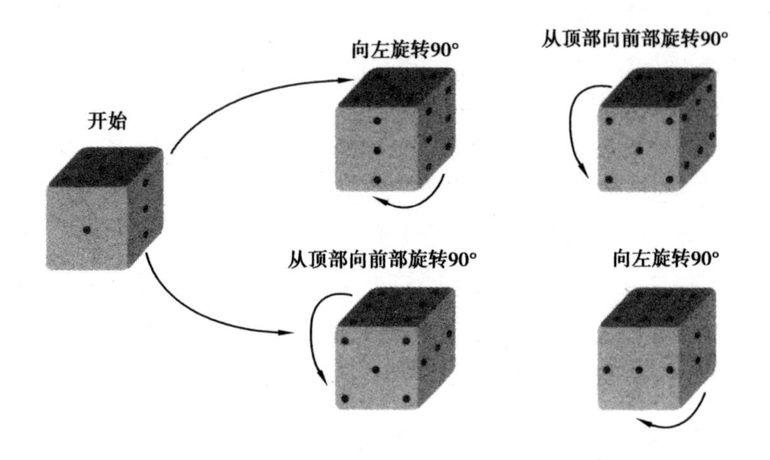

图 3.2　一个骰子先向左转 90° 再向前翻 90° ，得到的结果与逆序进行时不同

所以，如果狄拉克寻找的这两个量 a 和 b 是矩阵，那么就可以解决他的问题。它们可以满足 $a^2=1$; $b^2=1$。而且虽然 $a\times b$ 和 $b\times a$ 都不等于 0，但是它们的和可以等于 0。通过使用矩阵，狄拉克成功地将一个物体的总能量表示为其静止能量和运动能量之和，与爱因斯坦的相对论完全一致。

狄拉克还意外地发现，矩阵可以描述物体旋转时的状态，似乎数学在告诉人们电子自己可以旋转：它有自旋！不仅如此，他用一个两行两列的矩阵代替了一个单独的数，使用这种最简单的矩阵解决了这个数学问题；这个过程意味着自旋具有“二重性”，与塞曼效应的暗示完全相符。薛定谔理论中缺失的要素神奇地从矩阵数学中出现了，这得益于狄拉克的大力推进，并且根源于爱因斯坦相对论的需求。

这可算一次非凡的成就，但还有一个深层的性质问题在困扰着狄拉克。当正能量和负能量的解为实数时，所有的理论都可以自洽。

然而，其他数学家在计算 E^2 时遇到了负能量的问题，狄拉克试图规避这个问题，这时他必须使用矩阵，并且也解释了电子自旋；但是具有讽刺意味的是，负能量的解必须和正能量的解一样对待。将这两组解放在一起，意味着他得到了两组“二乘二”的矩阵。实际上，在这之前，他已被迫将他的理论中简单的数替换为矩阵，每个矩阵包含 4 列，每列 4 个数。

这些 4 列的矩阵被称为“γ”（伽马）矩阵，它是最终定型的狄拉克方程中伽马符号的原型，正如我们在威斯敏斯特教堂内看到的一样。如果一个电子同时拥有自旋、正能量或者负能量，那么爱因斯坦应该会满意了。狄拉克曾经绞尽脑汁希望能够避免负能量这种谜题的出现，但最终还是被迫接受了它。那么，这意味着什么呢?

3.3 无限海洋

当你踩油门时，汽车会加速：此时它获得了运动能量——动能。这个能量不是无中生有的，它来源于汽油燃烧，将其中的化学能转化成了车的动能。如果踩下刹车，汽车会减速；此时动能就会减小。但是能量并没有消失，只是转化成了刹车片和轮胎的热能。如果你急刹车的话，还有可能转化成声音中的能量。最终汽车会停下来。此时动能为 0，但是油箱里的汽油能提示你其实汽车还有很大的潜在能量。即使油箱里没有油了，你和汽车本身的原子内部还禁锢着大量的质能 mc^2 呢，你可以用你自己体内的 mc^2 来使得汽车的动能增加——最简单的办法就是推车!

将各种正能量相互转换就构成了能源工业体系。在日常生活中，没有用到负能量，那么电子的负能量之解意味着什么呢？

如果电子可以具有负能量，那么可以预见，物质中的电子会自发地跃迁到某个负能态上以降低自己的能量。这就会导致物质不稳定，而我们现在还稳定地生活着，这似乎就意味着狄拉克的电子理论是错误的，不可能存在任何这种负能量。神奇的是，狄拉克却使用物质的稳定来解释负能量态！要理解个中缘由，我们首先需要看看元素的一个重要的排列规律，这个规律由俄罗斯科学家门捷列夫发现，并汇编成了“元素周期表”。

一些元素的性质非常相似，而将元素按照原子质量从小到大排列时，这些相似性会“周期性”重复。这种周期重复性质的例子很多，比如氦气、氖气和氩气的化学惰性；金属和水的亲和性，比如钠和镁；高活性元素氟、氯、碘等与氢的亲和性，最终能生成酸。几百年前人类就已经知道了这些相似性。门捷列夫的元素周期表揭示了它们的周期性，但要解释这种周期性还得靠量子力学，而狄拉克也是根据这个途径才解决了他遇到的难题。

所有原子内的电子都是相同的。不同元素的原子之间，差别在于围绕中心原子核运行的电子数量不同（当然原子核内的质子数量也不同）。正如我们之前看到的，电子不能想去哪儿就去哪儿，电子力学将它们束缚在了几个特殊的轨道或者“量子态”上。在元素周期表上，随着元素序号增加，核外电子数相应增加，这就导致了电子轨道模式按照某个固定的周期循环，最终导致相应元素出现周期相似性。量子理论认为，这源于一个基本法则——不相容原理。实际上，电子有点

像布谷鸟，不能接受两只鸟共用一个巢；或者我们用枯燥的量子力学语言描述说：两个具有某些相同性质的电子不能同时处于相同能态上。

当意识到自己的方程意味着电子可以具有负能量，狄拉克引入了不相容原理，并以此为基础提出了一个新的观点。他认为，我们所谓的真空并不是空的，而是有点像个无底洞。沿着这个无底洞向下，是一个梯子，梯子的每一级都对应着一个可能的量子态，可以容纳电子在此驻足。梯子的顶端对应着能量零点，其下方的梯级就是电子可能的负能态。狄拉克的观点是，如果所有这些负能级都被占满了，那么电子就不能再掉进这个负能量井中，所以物质得以保持稳定。我们所谓的“真空”应该是深邃而又平静的“海洋”，如果没有扰动，我们是看不见它的。这个“海洋”是满的，是一个定义了所有能量的基态：狄拉克的“海面”定义了能量零点。

狄拉克在对于真空的解释中指出，如果这个海洋中的一个电子缺失了，就会出现一个空洞。这个缺失的电子带负电，而且相对海面而言能量为负，那么它的缺失就会导致出现一个具有正能量的正电粒子，具有之后所谓的正电子的所有属性。这个观点非常新奇，当然80年前量子力学也一样新奇；当狄拉克提出这些观点时，所有这些理论都还不成熟，只是少数天才们的研究对象。

怎样才能把一个负能量电子移走，从而看到真空海洋中的空洞呢？答案是注入能量，比如使用高能 γ 射线。如果 γ 射线具有足够的能量，就可以将一个电子从负能态轰击到正能态上去。结果就是这个 γ 射线会同时产生一个正能量电子和真空内的一个空洞。这个空洞中缺失了两个东西：一个是负能量，导致出现正能态；一个是负电

荷，导致出现正电荷。所以最终的结果是，γ 射线的能量转化成了一个普通的带负电的电子，伴随着一个带正电的电子，而两个粒子都具有正能量。（见图 3.3）

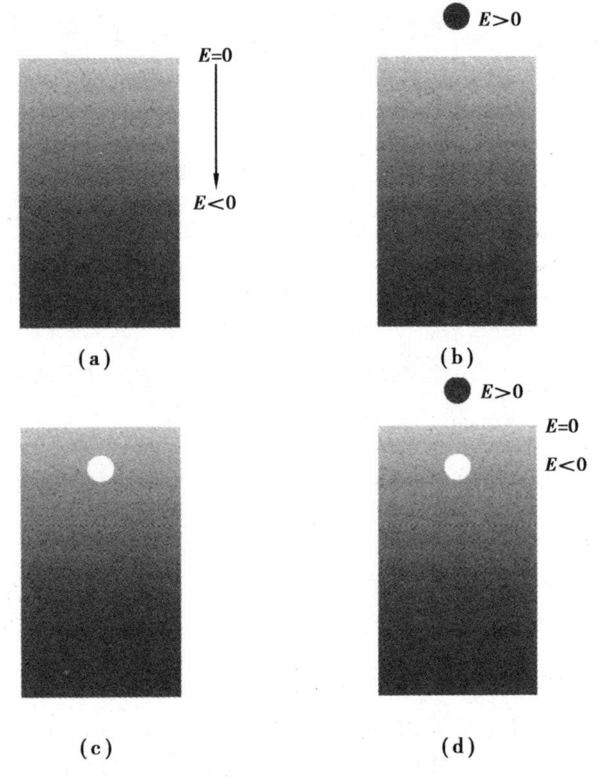

图 3.3　真空中充满着一个无限深邃的海洋，其中的能级从负无穷到一个最大值。我们将最低能态的结构定义为零点。相对于真空具有正能量的电子表示成黑圈。负能量和负电荷的缺失态（图中的白圈）表现出来就成了一种具有正电荷的正能量态。这就是狄拉克对电子的反粒子的构想——正电子。如果负状态为空，同时正状态为满，就会导致一个正能量电子，同时这个“洞”就实际上成了一个正能量的正电子。要产生这种情况，首先要向真空中注入足够的能量。而光子可以提供这些能量，从而使光子转化成一个电子和一个正电子

3.4 什么是正的电子

在当时看来，狄拉克对反电子的预言有点像科幻小说。在当时，人类知道的粒子只有电子和质子，人们认为物质就是由这两种粒子构成的。而且他们坚信，这两种粒子是不可撼动的，虽然狄拉克的理论认为这两种物质的基本粒子也可以被创造或者毁灭。当时的人们似乎不需要其他的粒子，所以他们对此也没有兴趣，当然除了中子；人们普遍接受中子的存在，它填装在原子核中使其保持稳定，只是因为当时技术所限还未发现中子。直到多年之后，在宇宙射线和粒子加速器基础上大量的新发现，才使得人们知道还有各种奇怪的粒子，它们的名字也一个比一个科幻。但在1928年时，人们对粒子的认识还很简单：由带负电的电子和带正电的质子构成了物质。在这种相对淳朴的世界观中，反电子是没有容身之处的。

在狄拉克发表了他的言论之后的数月间，每次他做完报告，都有人提问“反电子在哪里呢？”这种问题总是引起一片笑声，而狄拉克很快就厌烦了。在当时，几乎没有人严肃地思考过他的理论，也没人能够跟上他的思维，这使得这种“讨巧”的问题尤其让他烦恼。最后狄拉克不得不试图阻止他们，他说：因为质子带正电，那么带正电的反电子可能实际上就是质子。

这个说法使得外界觉得：狄拉克实际上认为其方程中出现的带正电粒子可能就是质子，就像从魔术师帽子中跑出来的兔子一样。现代物理学家已经认识到了物质和反物质的深奥的对称，在他们看来，当

时这些人的认知是多么荒谬——质子和电子的质量相差约 2 000 倍，所以质子怎么可能是反电子。

这在今天看来是理所当然的，但在 1928 年人们还没有理解到物质和反物质的深度对称，所以历史学家一直在争论：质量上的差别在当时是不是像现在一样显得荒谬？彼得·卡皮查（Peter Kapitsa）是与狄拉克同时期的俄罗斯科学家，他声称：虽然平时狄拉克没什么幽默细胞，但他的这一解释却是在搞笑。狄拉克只是想让这些持续不断的质问声音消停，给他空间去解释他的深奥观点，而将质量问题当作一个“细节”留待之后再解决。

狄拉克方程为反物质指明了方向，但真正纵观了全局的却是奥本海默。是的，他就是后来著名的曼哈顿原子弹计划的领导者——奥本海默（Robert Oppenheimer）。奥本海默指出，这种正粒子不可能是质子，因为如果是质子，那么氢原子就会自行毁灭掉。真空中可以出现电子与其正的反粒子，那么这个过程也可以反向：我们倒着看，将会看到这对粒子相互湮灭，消失成一束 γ 射线。所以如果这种正粒子被证明是质子，那么只要氢原子内部的质子和电子相遇，氢原子就会毁灭——不仅是氢原子，所有的物质都会消失成一束灿烂的焰火。

奥本海默的这种批判观点很有说服力，狄拉克也很快意识到这一点。他知道他的正的电子确实是一种全新的东西。1931 年 9 月，狄拉克公布了他的结论，即这种空洞是“一种新粒子，实验物理的未知地，与电子电荷相等且质量相同。我们可以称之为反电子”。[②]它的性质非常戏剧化，会与传统的负电荷电子发生完全的湮灭，而且也

可能反向地从单纯的能量中被同时创造出来。

相对而言，大质量的质子是另一个顽固的家伙，而狄拉克方程表明它也有一个“反”配对。在1931年的文章中，他也说明了这个问题，他在其理论中写道“在正负电荷之间存在一种完美的对称”。在轻描淡写的提示之后，他继续写道“如果这种对称是自然界的基本性质，那么任何粒子的电荷都一定可以反转”。因此他预言存在反质子，与质子质量相同电荷相反。狄拉克预言每种粒子都存在一种反粒子的配对——这个理论在当今已被视为一个基本真理，是人类对广阔宇宙图画中深奥对称的一瞥。

狄拉克的充满同种电子的无底海洋理论也解释了一个问题：为何“真空中”创造出的所有电子和正电子都具有相同的性质，而没有出现各种随机的连续可能性。狄拉克认为这个海洋中也充满了质子，而今天我们认识到它们中更底层的源种“夸克”（我们在第5章中会讲到）也符合这种不相容原理，并充满着一个无限深邃之海洋。正是狄拉克海洋中无限深邃的宝库，提供给了我们用以物质化的粒子和反粒子。

到此，本书就介绍这么多反物质的理论；下面，我们来看看反物质的实体，讲讲正电子的故事。

4
宇宙新发现

/

在我们头顶上方几千米处，来自外太空的高能量的亚原子粒子流和 γ 射线正高速冲入大气层。它们与大气层发生碰撞，产生大量的次级粒子，其中的大部分在到达地表之前就被空气吸收了，因此在地面上只剩下无伤大雅的一点点辐射。

除了通常的电子、质子和原子核，这些“宇宙射线”还包括一些之前地球上没见过的怪家伙。其中就包括我们没见过的正电子，一种电子带正电的反粒子。

简而言之，这个故事始于 1923 年，当年人类首次得到了宇宙射线的成像；其中就有正电子的影像，只是当时并没有人意识到这一点。之后的 1928 年，狄拉克预言了这种正电荷版本的电子的存在。又过了 4 年，人们才在宇宙射线中发现了正电子。人类的第一反应认为正电子是来自于外太空的，直到后来科学家们才发现，其实地球上也在时刻产生着——某些放射过程就会产生正电子。之所以一直没有注意到它们，是因为我们所处的世界与正电子相悖，所以它产生以后迅速地就毁灭掉了。

4.1 发现正电子

在狄拉克提出其理论的5年前，人们就看到了正电子，只是尚未意识到这种发现。1923年，科学家斯科贝尔金（Dmitry Skobeltzyn）在列宁格勒研究 γ 射线；他使用了云室（可以显示能导致电离的粒子径迹的装置，是最早的带电粒子探测器）来观察 γ 射线。

我们经常能在天空中看到一条长长的云带，可以持续数分钟；其实这是飞机飞过之后留下的蒸汽拖尾，所以这条云带就是飞机飞过的痕迹。拖尾中包含有飞机尾气凝结的小水滴，从而形成一条长长的薄云层。人们用相似的理论制作出了云室，并用它首次看到了粒子轨迹的影像。云室是一个玻璃盒子，其中充满了低压而潮湿的空气；盒子中配有一个活塞，可以瞬间将空气压入盒子内部。当带电粒子经过盒子内部，就会凝结其周围空气中的水蒸气，从而形成微小的蒸汽拖尾，通过这个拖尾就能知道粒子的位置和运动轨迹。对于20世纪早期的原子物理学家而言，云室就像天文学家手中的望远镜，可以帮助他们看到普通视野以外的东西。

γ 射线不会直接形成拖尾；就像赫伯特·乔治·威尔斯（H.G. Wells）的小说中，隐形人跳入云里之后，便消失得无影无踪。所以斯科贝尔金就在思考怎么才能抓住 γ 射线。γ 射线虽然不可见，但它会将云室内原子中的电子碰撞出来，这些电子就会产生拖尾；由此，斯科贝尔金觉得是有希望佐证并观察到 γ 射线的。

通过实验，他发现这个方法确实可行，但似乎有点过犹不及。γ

射线的能量太高，除了会从气体中打出电子之外，还从云室的室壁中打出很多电子，这样就干扰了他的观测。后来他想到了一个好点子，将云室放置在一个强力磁铁的两极之间，这样就可以清除掉干扰电子。这种设计使得拖尾云变得稀薄，轨迹更加清晰，此时他发现了一个意想不到的结果：磁场似乎引导着一些"电子"偏转到了"错误的轨道"上。

今天我们知道，他看到的是正电子——一种带正电的"反"版本的电子，但是在1923年时还没有这个理论。这种异常的拖尾现象很难理解，但也不失为他研究过程中的一个小乐趣。当然这个现象一直困扰着他。

他成功获得 γ 射线成像的消息慢慢传遍了科学界，5年后，斯科贝尔金决定在剑桥的一次国际会议上将这些成像公布于众。在场的所有人都和他当年一样感到十分惊讶,但都没能给出一个合理的解释。有趣的是，在同一年（1928年）的相同地点（剑桥），狄拉克不久之后就预言了正电子，而正电子的拖尾看起来就像电子运行在"错误的轨道上"。尽管如此，但因为当时没人会想到存在正电子，所以虽然人们都知道斯科贝尔金的实验中一定存在某种新发现，但却没人发现这个大蛋糕。[1]

磁场会影响带电粒子的运动轨迹。粒子的质量越小、速度越慢，

[1] 我一直不知道当时狄拉克是否参加了这个会议。但是，因为他是一个数学家，而且是在之后的宇宙射线中，他的理论才得以被验证，所以我估计他当时并不知道这些物理学上的进展。不仅如此，斯科贝尔金的报告在当时影响力并不大，直到后来发生了一些事情，才使得这个报告广为流传。关于这些，请参见 D. 威尔逊的论述（1983，p.562）。

那么磁场造成的偏转就越强；而从偏转的方向可以判断其所带电荷的正负：如果负电荷向左偏转，那么正电荷就会向右偏转。但是，在斯科贝尔金的云室实验中，他还看到了一些笔直的拖尾，这表示有些带电粒子沿直线传播。究其缘由，是因为有些电子运动速度极快，以至于磁场在影响区域内几乎无法作用于它，实际上它的速度远远超过了当时已知的任何放射源或 γ 射线所能提供的电子的极限。实际上这些电子是被宇宙射线从原子中轰击出来的。虽然当时斯科贝尔金没有意识到这点，但他却是第一个看到宇宙射线本身轨迹的人。现在几乎可以确定，当时的那些拖尾中不仅包括电子，还包括正电子；但是因为正电子的偏转并不明显，所以他没能仔细观测也没有再继续深入研究，从而再一次错过了发现正电子的机会。这个机会留给了美国人安德森（Carl Anderson），在狄拉克预言正电子存在的 4 年之后，1932 年，安德森首次证实发现了正电子。

美国物理学家罗伯特·米利肯（Robert Millikan）曾凭借其在电子电荷方面的测量成就获得 1923 年的诺贝尔奖，他创造了名词“宇宙射线”，并且对太空辐射的来源有着自己独到的理解。他认为宇宙射线就是 γ 射线，并把它称为“创世之时的分娩之痛”（虽然他这些说法的确含糊其词），而斯科贝尔金云室实验中的拖尾就是证据。要梳理清楚这些射线里到底包含什么，你首先需要将它们偏转，从而分辨出它们的电荷和能量，而这就需要一种更加强大的磁铁。如果有了足够强的磁场，那么无论粒子的速度有多快都会被偏转。1930 年，

米利肯建议他的学生安德森去制作一个足够强力的磁铁，以用于偏转宇宙射线。

在附近空间实验室的工程师的帮助下，安德森完成了这个任务。他的磁铁提供的磁场磁力是斯科贝尔金当年使用的10倍，由此安德森成功地偏转了粒子飞行轨迹。他惊奇地发现，宇宙射线中同时含有带正负电荷的粒子，两者数量相当。

因为米利肯认为宇宙射线是由 γ 射线组成的，而 γ 射线自身不会引起拖尾，因此他初步认为这些带电粒子一定是 γ 射线从原子内部轰击出来的。他的解释认为其中负电荷部分是电子，而正电荷部分是质子。但这个解释并不能与安德森得到的图像完全吻合。电子很轻，所以留下的拖尾应该是稀薄而细小的；质子笨重，所以留下的拖尾应该非常致密。安德森得到的图像中，所有的拖尾看起来都像电子，他因此认为那些留下“错误轨迹”的粒子并不是向下的带正电粒子，而是反向运动的电子。米利肯对此并不同意，基于他对宇宙射线性质的偏见，他坚持认为即使拖尾非常细小，但它们肯定是由我们上空射下的质子造成的。

为了说服老师，安德森用一块铅板将云室拦腰切断。如果某个粒子穿过铅板，它会损失能量，从而使得其轨迹弯曲度比之前更高。通过此方法，就可以清楚地知道这些粒子是向下还是向上飞行的了，也能一劳永逸地确定其电荷：向下动为正电荷，向上动为负电荷。

这个小小的改进，最终得到了答案：安德森和米利肯都错了！

这些拖尾既不是来自于正电的质子，也不是因为电子反向运动，而是向下入射的“正的电子”。安德森对此倒是很满意，虽然他依然无法说服老师米利肯，这个故事之后我们会看到。

具有讽刺意味的是，其实安德森真正第一次看到的正电子实际上是向上运动的。后来证实，当时宇宙射线轰击到了铅板以下的空气原子，然后产生了零星的正电子向上运动，并最终穿过了铅板。这使得安德森十分困惑，好在很快他就发现了首个漂亮的例子，其中一个明显比质子轻得多的正电荷粒子向下运动并穿过铅板。接着他又发现了多个这种例子，证明这些“正的电子”从上向下运动，由此他终于有足够的证据以对外公布这项结果了。《科学新闻快报》（*Science New Letter*）的编辑在 1931 年的 12 月刊出了这些粒子轨迹的一张图片，并命名为“正电子”。从此以后，这个名字开始传遍世界。

在 1931 年，普遍接受的观点认为：物质是由原子构成，而原子内部只有电子和质子。这种观点下，正电子是没有立足之地的，那么它们从何而来，又归于何处呢？安德森和米利肯住在美国西海岸，当时可没有今天这么发达的通信设备，所以他们只能偶尔与狄拉克交流一次，大多数时间并不知道狄拉克的工作进展和新的突破。虽然安德森首次发现了正电子，但是剑桥大学卡文迪许实验室的布莱克特（Patrick Blackett）和哈里利（Giuseppe Occhialini）最终确认了正电子的存在，并且解释了正电子的来源。（见图 4.1）

图 4.1　电子和正电子的产生。高能宇宙射线将一个电子从原子中轰击出来——形成了图左边这条从上到下略微弯曲的轨迹。射线的能量很高，从而还产生了一个正电子和一个负电子，这对正负电子形成了图顶部的两个小螺旋环。在图下方，还产生了另外一对正负电子，它们呈倒 V 字形从两个方向飞离了云室

4.2 布莱克特的创造

原子内部并没有正电子，至少我们已知的地球上的物质的原子内部没有，那么宇宙射线中的正电子是从何而来的呢？安德森无法回答，不过布莱克特和哈里利却在同年找到了答案：正电子不是来自于外太空，而是宇宙射线自己在大气中创造出来的。

布莱克特就职于剑桥大学的卡文迪许实验室，在卢瑟福的研究小组从事云室电离实验的研究。他喜欢研究一些小玩意儿，还设计出了10秒响应一次、可以用普通的电影摄影机对其录像的云室实验装置。在1921—1924年，他使用放射性核衰变产生的 α 粒子轰击云室内的氮气，由此累积了超过两万张的 α 粒子轨迹图。部分 α 粒子会偶然与氮气原子核相碰，这个过程会使得氮气原子变成另外一种核素。通过这些办法，布莱克特用影像记录下了这些核转化过程，并逐渐在科学界崭露头角。

1931年，哈里利来到了卡文迪许实验室。他的专长是使用盖革计数管探测核辐射。经过交流之后，他和布莱克特认识到联合两人的专长可以改进云室的设计，就此一切才开始进入正轨。

他们的想法神奇而又简单。布莱克特的云室装置可以自动录下其中的图像，因此可以记录下某些事件的发生：大多数的图像都平淡无奇，只有约二十分之一的图像中有径迹。盖革计数管的功用正好和云室互补：当带电粒子穿过盖革计数管时，会产生触发反应，但是它无法分辨到底是哪种粒子触发了它。他们的办法是，将一个盖革计数管放在云室上方，另一个盖革计数管放在云室下方。如果两个盖革计

数管同时被触发，就说明一个宇宙射线粒子穿过了云室。将盖革计数管与继电器连接，它们同时放电产生的电脉冲就会触发云室装置，然后将宇宙射线的径迹用胶片记录下来。关键的是，在宇宙射线穿过之后云室才会拍照，此时宇宙射线早跑远了，而径迹还在持续产生，说明有些重要的东西被留在了云室里面。

就此，所有的证据都已经找到，狄拉克应该可以向全世界大声宣称：确实存在正电子，所以他的理论是正确的！但事与愿违，布莱克特和狄拉克没能将相互的工作结合起来。究其原因，可能是狄拉克嗜好进行谨慎的逻辑上的交谈；他不是一个会轻易接受某个理论的人。当然也有可能是布莱克特没能领会到狄拉克理论中的精妙之处，或者压根儿没有认真了解过狄拉克的理论。无论如何，布莱克特和狄拉克各有创见，却都没能意识到珍宝就在眼前。就像斯科贝尔金一样，他们也与这个重大发现擦肩而过。直到听闻安德森的发现，布莱克特和哈里利才终于意识到他们都干了些什么。

但是他们很幸运，斯科贝尔金和安德森先期进行的实验中错过了一些东西，而这次被他们发现了。他们从很多得到的成像中发现，云室顶部铜板上某个点向外发散出多达 20 条径迹，就像淋浴花洒喷出的水一样。云室内的强磁场偏转了这些径迹，显示大约一半的粒子带正电，另一半带负电。布莱克特和哈里利认识到，由于地球上不会天然产生正电子，那么出现的等量正电子和负电子一定是由某种看不见的高能宇宙射线产生的。他们的结论是：宇宙射线与电离室中的原子相碰，产生了正电子。

云室的边缘是玻璃，然后用铜板将玻璃封装起来；当宇宙射线与金属相碰时就产生了淋浴花洒。此时，宇宙射线中的一个电子就足以产生大量的正电子和负电子。铜原子内部具有强大的磁场，导致电子穿过时会辐射出 γ 射线，这些高能的 γ 射线接着产生出很多对正负电子。爱因斯坦的质能方程为 $E=mc^2$，意思是能量 E 可以转化成质量 m，即辐射可以转化成物质。布莱克特和哈里利首次证实了辐射可以创造出物质，当然还有反物质；他俩证明了安德森的新粒子并非来自于外星球的入侵者。

这幕大戏里最后一个有趣之处是，他俩的努力最终却成就了安德森。安德森一直苦口婆心地想说服他的老师米利肯：他找到的是一个正版本的电子，不是简单的质子。布莱克特和哈里利的工作证明他的理论是毋庸置疑的，最后米利肯也不得不承认安德森赢了。1933 年 2 月，布莱克特和哈里利将文章投稿到了英国《皇家学会学报》（*Proceeding of The Royal Society*）上。但是幸运之神眷顾了安德森，因为他在一年前的 1932 年就将他的试验性结果公诸于众了，完全不顾米利肯的各种怀疑。1932 年 12 月，他的图片发表在了《科学新闻快报》（*Science News Letter*）上。幸运女神总是眷顾勇敢的人。

4.3 地球上的正电子

狄拉克得到了理论，安德森、布莱克特和哈里利看到了实验结果，这种理论和实验的完美结合很快传遍了科学界，到处都在讨论着

正电子。大量的物理学家们开始翻看早年的云室图像记录，发现了很多当时漏掉了的正电子证据。如果当年他们足够勇敢，很多人都可能替代安德森在科学史上留下不朽的名字。这些与正电子擦肩而过的人中，有艾琳（Irene）和弗雷德里克·约里奥-居里（Frederic Joliot-Curie）。艾琳是著名的居里夫人之女，她的丈夫就是弗雷德里克·约里奥，他们两人在1932年就已经错过了产生中子的诺贝尔奖——他们当时错以为产生的是 γ 射线。[①]这一次，他们意识到再次错过了正电子：安德森因为发现正电子而获得了1936年的诺贝尔奖。当然，幸运之神终会降临，1935年他们凭借制作出短寿命放射性核素获得了当年的诺贝尔化学奖；他们这个工作的一个应用就是制作某些核素，用于自发放出正电子。

1896年，当亨利·贝克勒尔（Henri Becquerel）偶然发现放射性现象的时候，他发现铀原子核能够自发改变；今天我们知道这是因为其原子核内的一个中子变成了一个质子，同时放出一个带负电的电子以保持电荷平衡。发现正电子之后，人们自然想到可能有一种核衰变过程，其中质子会变成中子，同时发射出一个正电子以保持电荷平衡。

这个想法进一步发展，有人认为放射性可以像产生电子一样轻松地产生正电子。这两个之间主要的现实上的不同在之后显现了出来。发射出来的电子会以电流的形式飞出，或者进入附近原子周围的围绕电子群，然后引起化学反应以及宇宙未来中无数的其他各种反应。相对来说，正电子是一个陌生来客，来的时间也还不长。它一来到我们

这个世界，就发现周围全是含有一大群负电子的物质。顷刻之间，其中一个负电子就会和正电子相互围绕，然后在百万分之一秒内湮灭成一道闪光。这就是近年来将正电子投入实际应用的关键所在。

正电子发射是自然而常见的；某些核物质具有发射正电子的能力，因此在医学和科技领域得到了广泛应用。这些核物质包括碳-11，氮-13和氧-15等，它们都是人体内含有的普通元素的放射性形态，同时又可以发射正电子，所以可以用于对人体机能示踪，比如显示人的脑部活动。其基本原理是，当这些原子核放出一个正电子，就会与附近的电子发生湮灭，然后产生几乎背靠背的两条 γ 射线。这两条 γ 射线会被设计好的探测器探测到，由此就可以准确地定位放出正电子的原子核。下面来看看它的应用。

人类思考的时候，大脑中不同部位会发生不同的活动。这些活动需要能量，而能量来自于脑部供血中的血糖。如果我们能够测量大脑中的血糖集中在哪个部位，就可以对大脑的活动进行标示。化学家们将放射性原子植入糖分子中，这些糖被人体吸收后分布到人体活动需要的区域上，比如心脏、肺部、肌肉和大脑等。最基本的想法就是使用可以放射正电子的糖，此想法在医疗诊断学上被证明非常有用。发射出来的正电子会瞬间与周围原子内无所不在的电子发生湮灭反应。我们可以在空间上确定湮灭发生的位置，由此确定糖分的位置；而这一切只需要简单地使用特殊的摄像机来探测放出的 γ 射线。

用一圈这种摄像机将病人的头部环绕起来，然后就可以对脑部进行断层成像。这种技术称为正电子发射断层成像，简称PET（Positron Emission Tomography）。供测定反应的特殊同位素一般都是短寿命的[1]，因此必须在患者附近准备。通常的方法是使用一个小加速器加速质子来轰击特定元素，最终生成所需要的同位素。

所以，到了今天，狄拉克对于反物质的晦涩预言已经用于拯救生命。在材料研究方面，正电子湮灭也可以大展身手。一个例子是，金属中的湮灭能揭示金属疲劳的出现，比其他方法更加快速。这被用于检测飞机上的涡轮叶片，节约安检时间从而增加利润。

科学家们将正电子捆绑在普通的原子上，以研究反物质的化学性质。一个质子和一个电子构成了氢原子，那么一个电子和一个正电子可以构成"正电子素"原子——它能生存百万分之一秒，然后自发湮灭掉。人们甚至已经构造出了正电子素分子，正在考虑将这些分子聚拢起来，也许可以形成 γ 射线激光的基础。②

所以，像正电子这种反粒子现在已经很常见了，已经用于我们的日常生活中。当然它没有电子那么为人所熟悉，因为它的数量太少所以很快就被杀死了。就像我们所看到的，正电子是反物质的源种，太阳内部大熔炉中 10 万年前产生的正电子最终生成了我们今天看到的阳光。而现在太阳内部产生的正电子，正在为遥远的未来准备着阳光。[2]（见图 4.2）

[1]　比如，氧 -15 被用于研究氧新陈代谢，其半衰期仅有两分钟。

[2]　实际上，太阳聚变将 4 个质子融合成了一个氦原子核，放出两个正电子和两个中微子。正电子湮灭放出光子。氦的质量比 4 个质子的总质量小，剩余的质量根据 mc^2 会变成能量，部分会通过太阳表面以可见光的形式发射出来。大约 10% 的可见光来自于正电子湮灭。

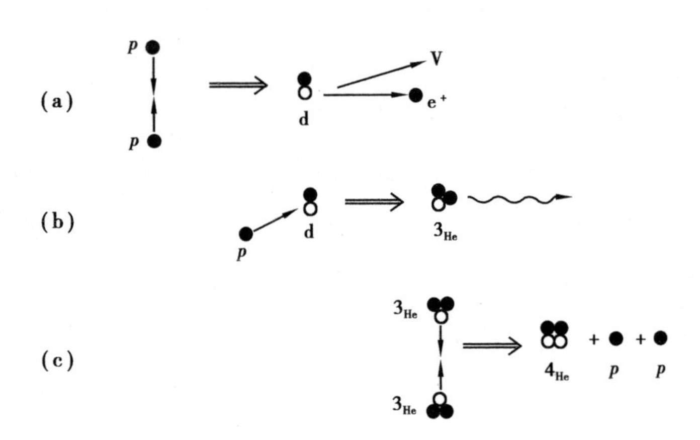

图 4.2　太阳中产生的正电子和能量。*P* 表示质子，两个质子融合形成氘并放出一个正电子和一个中微子。图（a）中，氘内部有一个中子（白圈）和一个质子（黑圈）。图（b）中，另一个质子撞上了这个氘，生成了一个氦 -3 和一个光子。图（c）中，我们看到两个这种过程产生的最终结果：两个氦 -3 原子核融合生成了一个氦 -4，并放出两个质子。

5
湮　灭

/

5.1　既非物质亦非反物质

存在物质，比如电子；也存在反物质，比如正电子；而且还有一种东西既非物质也非反物质。这种超越了物的东西，最熟悉的例子莫过于电磁辐射了。所有的电磁辐射，从 γ 射线、X 射线、紫外线到可见光、红外线、无线电波，都含有不同能量的光子。物质和反物质可以相互中和抵消，它们湮灭时会留下光子这种非物的东西；如果环境合适，这个过程也可以反过来，光子会变成一对物质和反物质。

当科学家们对自然现象进行梳理时，喜欢用到“纯能量”的概念。纯能量也是一种非物体，它可以从一种形式转变为另一种形式，如电能、化学能或者动能，也可以发生质变生成物质和反物质。爱因斯坦的方程 $E=mc^2$ 告诉了我们能量能够凝聚成多少实物。要产生一对正负电子，需要的最小能量为 $2mc^2$：一份 mc^2 用于产生一个静态电子，另一份 mc^2 用于产生一个静态正电子。当正负电子对产生后，由于都是静止的，所以几乎立即相互湮灭，释放出刚刚禁锢在它们中的能量。

因此，要想使正电子存活下来，就需要注入比这个最小值更多的能量；将多出的“余额”转化成动能，使得正负电子产生时就会相互分开，各走一边。

现在知道的非物粒子已经超过了100种，而光子只是其中一种。这些非物粒子被称为“玻色子”，用于纪念印度物理学家玻色（Satyendranath Bose）。与之相对应，实物粒子是物质或反物质的基本部分，被称为“费米子”，用于纪念意大利人费米（Enrico Fermi）。费米子的行为可用狄拉克方程描述，但玻色子遵循另外的准则。从某种角度上讲，狄拉克是幸运的。他立志要建立一个方程来描述有质量的粒子，并且解决正负能量的问题。在1928年，人类已知的质量粒子仅有电子和质子，它俩恰好都是费米子；而当时唯一知道的其他粒子是光子，而光子是玻色子，不具有质量。在狄拉克方程掀起科学革命20年之后，人们才在宇宙射线中发现了一种有质量的玻色子——“介子”。如果介子发现于1928年之前，我们很难想象狄拉克还能否如此执着地钻研他的方程；当然，这都只能是假设了。[1]

自然之力将基本粒子禁锢成一首永不停息的曼妙舞曲，从而形成了我们今天的宇宙；其中，引力、电力和磁力（电磁力）最为我们熟知。这些力可以远距离发生作用，这种距离与原子尺度相比实际上是无穷大的。太阳引力将周围的行星禁锢于轨道上。地核中的旋转电流也会产生地磁场以偏转指南针，引导迷航的旅者踏上归途——至少

[1] 某些放射性衰变中发出的“α 粒子”也是一种玻色子。但是，人们知道它是氦原子核，所以它并没有其他同类粒子那么基础。

在历史上是如此。当然，今天我们更依赖于全球定位系统（GPS）导航，但是其底层的原理是相同的：我们通过无线电波与卫星通信，而无线电波是一种电磁波，是相同的普遍作用力的另一种表现而已。

磁铁会吸起金属，指南针会指向北极，是什么在充当它们之间的交流媒介呢？我们可以称它“电磁场”，但是这并不是真正的解释；我们只是发明了一个标签，标明一种远距离上作用的奇怪现象。狄拉克的成果中，有一项就是发现电磁场本身服从量子理论。光子是电磁场的类粒子束团，当它们在带电粒子间飞行时会传输电磁力。伦敦某处发射天线上的一个电子前后振荡，会导致家里收音机内产生类似的响应，而中间的信使就是电磁波——无线电波也是光子的一种活动形式。此处的运动引起了彼处的运动；光子在其间穿行；这些力无处不在。

现代“量子场论”认为，不仅是电磁力，所有的力都是由玻色子传递的。光子传递了电磁力，类似地，“引力子”被认为传递了引力。虽然还没能探测到引力子，但是几乎没人怀疑它的存在并且必将被人类发现。还有其他两种力，也是由玻色子传递的。这些力比较罕见，因为它们主要在原子核内部及其周围作用，只有足够灵敏的仪器才能在如此小的尺度下发现它们。它们被称为强力和弱力，这个命名直观地概括出它们相对于普通电磁力的强度。

强力将更底层的夸克构建成质子和中子，然后进一步黏结成原子核。弱力构成了阳光，而且在元素构成中起到了关键作用，没有弱力就没有地球和人类。弱力在原子核中慢慢侵蚀，最终将其中的组分

排列成更稳定的序列。在太阳中质子作为燃料，弱力渐渐地将 4 个质子转化成一个致密簇团——氦核，包含两个质子和两个中子。这个过程中，弱力将两个质子变形为两个中子，通过正电子将正电荷带走。在过去的 50 亿年，一半的太阳燃料——质子——都是通过这种方式转化的。从太阳这个大熔炉中的活动，我们可以看到这种力到底有多弱，同时也应该感恩：太阳持续存在，使得智慧生物得以出现，如果太阳燃烧得太快，那么地球上的生物就根本没有足够的时间来进化发展了。

从人类第一次认识到强力和弱力开始，半个多世纪以来，科学家们一直对此着迷。今天我们知道了它们的工作机制，在第 6 章我们会解释它们如何来揭示反物质的秘密。它们都是由玻色子传递。“胶子”将夸克黏结成质子和中子，接着“介子”帮忙将后两者捏合成原子核。弱力通过两种不同的形式表现出来，由玻色子对其进行传递。第一种形式与电磁力类似，但强度小得多，由一种电中性玻色子 Z^0（上标 0 表示其不带电）来传递。这种 Z^0 很像光子，但是具有大质量，甚至比铁原子还重；人们异想天开地称它“重光”。弱力表现的第二种形式是在粒子之间的电荷交换时。比如，太阳内部一个质子转化成一个中子，弱力将电荷从质子中剥离并传递给正电子。那么正电子从何而来呢？它是由弱力的载体——称为 W^+——所携带的能量产生的。这里的上标表示 W 带有正电荷。W 也可以带负电，比如中子衰变时。此时中子的电中性变成一个正电荷（质子）和一个负电荷（W^-），而 W^- 的负电荷接着会传递给电子。

所有这些传递力的媒介都是非物的，既不是物质也不是反物质；它们都是“玻色子”。它们作用于物质或反物质粒子上，同时也可以将自身转化成物的这两种对称的不同形态，而这两种形态都是“费米子”。所以，自然似乎提供了两种粒子：一是力的载体——玻色子，二是物的基本构成——费米子。玻色子可以来去自由，而费米子最终只能衰变成最稳定的形态，即电子以及质子、中子的排列，此时它们濒临边缘——容易变成它们的反物质镜像。

在约 140 亿年前，物质和反物质在宇宙中战斗，最终物质获胜。费米子产生了结构，它们具有稳定性并产生出了生命。我们体内的原子已经存在了数十亿年，只是现在才形成了一个联合体，这个联合体就是我们自己。我们吸进氧气，呼出二氧化碳，生长和死亡，但是我们的原子会继续存在。原子这些基本的组分会不停地组成各种形态，一直延续到遥远的未来——前提是它们没有遇到反物质。

5.2 更多反粒子

狄拉克方程最初的目的是解释电子。但是，它适用于所有的费米子，特别适用于质子和中子。方程暗示电子具有负能量版本，狄拉克成功地将其诠释为带正能量和正电荷的正电子；与之类似，方程暗示质子和中子也具有反物质配对——反质子和反中子。反质子和质子具有相同的质量，但是带负电。相似地，反中子与中子质量相同，也不带电。那么问题来了，反中子和中子都不带电，那么二者有何不同呢？

虽然中子整体不带电，但是其内部却有电荷。正如我们所知，质子和中子虽然极小，但仍然存在于一个可测量的尺度之内，内部有正负电荷在旋转，而这些电荷加合起来就成了我们所说的质子和中子的带电性。虽然中子的总电荷为零，但是内部电荷运动会形成旋转电流和磁性，当中子穿过磁场时这些性质就会表现出来。在反中子内部，每个单独的电荷都是反向的，因而其内部电流的变化也与中子内部的情况恰恰相反。结果导致磁性发生反向，就像南北极会调转过来一样。在磁场中，中子和反中子的轨迹是互为镜像的。[1]我们在后面会看到，形成质子和中子的电荷点本身也是小的粒子，称为夸克。质子和中子都由夸克组成；而它们的反物质配对就是由反夸克组成的。

正电子被发现之后，人们开始尝试验证反氢原子的另一个部分的存在——反质子。这个困难在于，质子质量是电子的近 2 000 倍，所以反质子应该比正电子质量大得多，这意味着需要更多的能量才能产生反质子。虽然宇宙射线中也存在一些反质子，但是它们非常罕见，难以探测到。

截至 1950 年，人们在宇宙射线中已经发现了很多新粒子。它们之中包括，缪子，这种加重版的电子；介子，一种质量约为质子十七分之一的玻色子，以及很多其他粒子，如 K 中介子，它被封为“神奇”粒子，源于其格外长的寿命；但始终没有发现反质子。当时，人

---

[1] 这里是按照英文原文翻译的。译者认为，由于磁矩的不同，中子和反中子的磁性是相反的，但是它们在磁场中的轨迹并不会不同，因为磁场并不能影响中子的飞行轨迹。就像将两块磁性相反的磁铁扔进相同的磁场中，它们的运动轨迹是相同的，只是自身在磁场的作用下会发生自转进动，这种自转进动的方向会相反。

们已经普遍相信反质子的存在，狄拉克的理论也给了科学家们足够的信心来找到它。由此产生了一个雄心勃勃的计划，科学家们准备在美国加州的伯克利建一座加速器，将质子加速然后轰击靶核，此时就会有足够的能量来产生反质子。其中的关键问题在于如何建造这种加速器，并且要设计一种探测系统以确信无疑地识别出反质子。

这个装置就是著名的质子加速器“BeVatron”——其中“BeV”是“billion electron volts”（十亿电子伏特）的简称，正是反质子内部禁锢的能量值。当能量转化成质量粒子时，总是成对出现的——一对粒子和反粒子，所以质子加速器的设计能量指标足以同时产生一个质子和一个反质子，科学家们也有信心能够达到这个目标，但是实践才是检验真理的唯一标准。这个目标实现起来非常困难，因为反质子非常罕见，更多的时候产生的都是更轻的粒子（如大量的电子和正电子，或者介子）。

在科学家们面前有好几条路，目的都是要从粒子的“大海”中把反质子这个“针”捞出来；而科学委员会必须决定采用哪一种方法。由张伯伦（Owen Chamberlain）、塞格雷（Emilio Segre）、维根（Clyde Wiegand）和伊普斯兰提（Tom Ypsilantis）组成的小团队提出的想法首先被采纳，应用在新的质子加速器上。这个办法获得了成功，1955年他们宣布发现了反质子。另一个由皮奇奥纳（Oreste Piccione）领导的团队也加入了竞争，并在1957年成功发现了反中子。至此，在狄拉克发表最初预言30年之后，反物质世界的基本组分全部都出现了：正电子、反质子和反中子。

至此，反物质故事正式拉开帷幕，但紧接着的却是多年无休止的争吵，甚至引来了官司。1959 年，张伯伦和塞格雷凭借领导团队对反质子的发现，分享了当年的诺贝尔物理学奖。但是皮奇奥纳可不答应了，因为他的团队也发现了反中子。当时人们普遍认为反中子的发现只是锦上添花而已，即便是皮奇奥纳自己也觉得这个发现不足以独享诺贝尔奖，但他认为，至少应该与发现反质子共享这一奖项。当然最终他没能得奖，我们来说说为什么。

当质子加速器管理委员会开始考虑谁来首先使用这台新装置时，皮奇奥纳就已经想到了一些聪明的办法来俘获飘忽不定的正电子，并将这些想法写在了他的设计书中。但是，经过全面考虑之后，张伯伦和赛格雷团队提出的设计更胜一筹，因此他们成为了第一个用户，而皮奇奥纳是第二个用户。如果故事到此结束，那么可以简单说是皮奇奥纳运气不好。但是，至少在皮奇奥纳自己看来，他的想法被用在了竞争对手的实验中，并且最终帮助他们完成了致命一击。对此他一直耿耿于怀，并于 1972 年提起诉讼，声称自己在 13 年前的诺贝尔奖评选中遭受了不公正待遇。事实证明 13 确实不是个吉利数：法院认为事件发生时间过去太久，根据时效法令，已经不予受理了。

至此，法律程序走不下去了；如果他早一点起诉会不会有转机，我们也不得而知。有人觉得他应该获奖；另一些人又说根本不应该，因为当时委员会给两个实验都分配了使用时间；更有人认为那些为了寻找反质子而设计出这个装置的人才最应该得诺贝尔奖，因为正是他们的“洞察力”认识到了其非凡的重要性。至少在当时的科学界，反粒子已经没什么新鲜的了。但是一切很快就发生了改变，因为后来又发现了物质的一个更深的层次——“夸克”以及反物质内的“反夸克”，这也许能最终解释物质是如何从宇宙大爆炸中产生的。

5.3 夸克和反夸克

当狄拉克想到反物质时，只知道电子和质子。甚至直到中子和正电子于同一年被发现之后，整个粒子列表仍然相对简单。但在之后的30年间，人们在宇宙射线和新型粒子加速器中发现了大量的粒子，如果此时狄拉克再来预言，他就只能说：还会有一种粒子；具体是哪种，他可不知道。

建在伯克利的加速器初衷是产生反质子，不过它也帮助发现了很多新的粒子。所有这些粒子都是不稳定的，一些粒子寿命甚至不足以支撑它以光速穿过一个原子核。因为爱因斯坦相对论认为信息不能超光速传递，所以实际上可以说这些粒子一出生就死亡了——其主要的存在时间都花在粒子的形成和消亡上了。发现的另外一些粒子寿命相对长一些，虽然实际上也不超过十亿分之一秒，这大约等于光穿过我们头部的时间。你可能会问，怎么能知道这么短暂的东西呢？答案就是现代电子学的力量，而且当粒子以接近光速运动时，它们在短暂的生命中足以穿过一段可测量的距离。

任何带电粒子碰上空气原子后，都可从中轰击出电子（称为“电离”）。如果空气非常潮湿，那么在带电粒子经过的路径上就会出现

蒸汽拖尾。在20世纪前半叶，由此研制出的云室曾经引发了我们对原子粒子认识的革命，包括发现了正电子；而在20世纪后半叶，更加强大的探测工具出现了，云室也最终被放进了博物馆。

1952年，密歇根大学的格拉泽（Donald Glaser）在思考啤酒中的气泡是如何冒出来时，由此产生灵感，他发明了气泡室，后者很快成了亚原子粒子探测的一个里程碑。在云室中，粒子在周围的气体中形成液态泡沫；在气泡室中，粒子在液体中形成气态泡沫。气泡拖尾形成的图像中，一个粒子衰减过程中气体拖尾会裂开，然后向下继续分叉产生子子孙孙,最终在磁场的偏转作用下形成一件美丽的艺术品，同时给出诸多信息以供研究者进行分析。

气泡室革命之后，整个新型粒子家族才慢慢呈现出来。又过了十年，粒子家族中的顺序才慢慢梳理清晰。

很快人们发现了与质子和中子类似的粒子，但大多数看起来都要更重一些，性质奇特，被称为“奇异粒子”。其中更有一部分显得尤为神奇。当然也有一部分粒子虽然异常又神秘，但是并没有可被称为“古怪”的特殊性质。它们的命名覆盖了整个希腊字母表，大写的朗姆达（Λ）、欧米伽（Ω）、西格玛（Σ）、西塔（Θ）以及德尔塔（Δ）等，后来这些都用完了，就开始用小写字母η、ω、ρ、ϕ等，最终使用到了AB字母表。卢瑟福著名的观点——科学由物理组成，其他的都是陪衬——现在看来是多么的讽刺。

随着越来越多的粒子出现，一些粒子的共性开始渐渐显现，这暗示着它们不是完全独立的，而是可以归类于多个家族。这不禁让人

联想起20世纪发生在原子元素上的事情。门捷列夫注意到了元素的规律性，最终编写出了元素周期表。后来人们找到了对这种周期性的解释：原子是由一些通用的部分构成的，电子绕着质子和中子构成的原子核飞行。J. J. 汤姆森借助实验从原子中释放出了电子，接着卢瑟福又发现了原子核，由此证实了上述解释的原子模型。在原子尺度上，质子和大多数短寿命粒子虽然细节上有诸多不同，但总体上非常相似。

卢瑟福发现原子内部有一个坚硬的中心，因为当使用α粒子轰击原子时会偶尔出现强烈的反跳，似乎撞上了原子内部某种致密的东西：原子核。多年之后，再次发生了一系列类似而又更加轰动的事件，科学家们发现质子、中子以及很多相关的粒子并不是物质的基本源种，它们本身又是由更小的粒子构成的，称为夸克。

相比卢瑟福和他的助手在曼彻斯特大学的一个房间里的桌面上就完成了原子核的发现，要进入原子内部的质子和中子却需要3公里长的加速器。在旧金山的斯坦福南部，电子束从加速器中飞出然后轰击氢靶并深入原子核内的质子中。偶尔地一些电子会发生强烈的反弹，而如果质子只是一个微小的电荷球的话，反弹不会如此剧烈。之前发生在原子内的事情，再次发生在了质子中：质子中的电子并不是均匀分布在其内部的，而是聚集在内部三个极小的粒子中，被称为夸克。实际上，质子是很多纠结在一起的夸克，这些夸克被永远地囚禁在一个十亿分之一微米大小的囚笼当中。就像蚁丘一样，远远看去只是一大块黑色的土堆，但近看就会发现内部有很多小的生物正在火热地活动着；对于质子而言，远看是一个紧致的带电球体，但近看会发现它

是一个夸克的簇团。

夸克会按三个一组的形式紧紧胶连在一起，构成一个“三体”，从而形成质子、中子和粒子表中的其他粒子。质子和中子这两种核粒子本身是由两种夸克构成的，称为“上”夸克和“下”夸克。这些物质的源种具有电荷，从而构成了质子的电荷。质子带有一个单位的正电荷，而上夸克带有 2/3 单位的正电荷，下夸克带 1/3 单位的负电荷。两个上一个下，形成一个质子（2/3+2/3−1/3=1）；两个下一个上，总电荷等于 0（2/3−1/3−1/3=0），形成了中子。

也有一些粒子内的三个夸克都是上夸克，或者都是下夸克，它们都是短寿命粒子，称为 δ 粒子。除了以上两种夸克，还有第三种夸克，被称为“奇（qi）”夸克，它的电荷与下夸克相同（−1/3），其他性质也完全一样，只是质量大 20% 左右，而奇夸克的存在几乎解释了奇异粒子的一切：在三体当中，奇夸克越多，形成的粒子就越奇怪。质子和中子中没有奇夸克；更重和更轻的朗姆达（Λ）和西格玛（Σ）粒子中含有一个奇夸克；倍加奇怪的西塔（Θ）粒子中有两个奇夸克，而最奇怪的粒子是欧米伽（Ω）粒子，其中的三个夸克都是奇夸克。

狄拉克方程适用于电子和质子，同样适用于夸克，这对于反物质也一样。就像正电子是电子的反粒子镜像，反夸克对于夸克也一样：质量相等，大小相同，电量一样，只是电荷正负相反。所以反上（如果你喜欢，也可以称上反夸克、反上夸克，或者反上反夸克；现在还没有一个通用的叫法）带电为 −2/3 而非 +2/3；反下带电 +1/3 而非 −1/3。就像两个上一个下构成带正电的质子，那么两个反上和一个反下就构成了带负电的反质子。以此类推，两个反下一个反上凝结起来就形成了反中子。用希腊字母命名的所有奇异粒子，比如朗姆达、西格玛、西塔和欧米伽都有一个“反”配对；将奇异粒子中的夸克换成相应的反夸克，就会得到反朗姆达、反西塔等。所有这些粒子都已经通过了实验证实：加速器将一束质子加速，轰击靶核，质子与原子核碰撞时多余的能量就产生出了新的粒子和反粒子。在我们现在能达到的最高精度下，这些出现的正负粒子对都是精确镜像配对的，即所谓的阴阳两面。[1]

5.4 夸克遇上反夸克

强力将夸克或者反夸克聚拢起来形成“三体”，同样也可以将一个夸克和一个反夸克聚拢。我们在宇宙射线和加速器中发现的很多粒子都是由一个夸克和一个反夸克构成的，比如，介子和“奇”K 中介子。这种结合既不是物质也不是反物质；它其中两者兼有：一个夸克是物质，一个反夸克是反物质。当一个夸克和一个反夸克被禁锢在某个微型宇宙中，这个宇宙仅有十亿分之一毫米大小，那么它们就会相遇并且几乎立即湮灭。因此，介子和 K 中介子寿命极短，刹那间就湮灭了。

我们已经可以通过实验观察到质子与反质子相遇时的状况。有时它们会慢慢飘向对方，而有时又会以极高的速度相互碰撞，而产生

[1] 英文原文中使用了“yin/yang”，即我们中文中的“阴 / 阳”。可见道家的阴阳思维对于西方科学，特别是高能物理科学还是有一些影响的。

的最终产物是不同的。碰撞速度越快，能量就越大，爆炸产生的介子或 γ 射线就越多。通过这些实验，科学家们认识到了很多，以至于如果真有人成功地制造出了反物质能量源或反物质炸弹，抑或当外太空的反物质岩石撞入大气层，我们已经可以预测到即将发生的结果。

这些实验还发现，湮灭过程并不是瞬间完成的。相反，在相互进入并最终结合之前，一对质子和反质子会跳一支华尔兹舞。想象一下，当反质子接近时，物质中的质子会怎样。质子带的正电荷会产生一个电场，这个电场会向外部空间扩散，范围超过原子尺度。虽然这个范围只有约百亿分之一米，看起来很小，但是已经比质子和反质子自身尺寸大了上万倍。如果反质子以一个相对慢的速度靠近质子，就会陷入质子的正电荷引力中，开始绕着质子旋转，很像电子在原子中的情形。最初的旋转轨道会很大，但是旋转过程中反质子会丧失能量，旋转轨道也会慢慢变小，并不断地放出 γ 射线。我们所能测到的 γ 射线就是来自于此，而 γ 射线的能量揭示了这个事件的过程，正如车祸现场的轮胎刹车印一样。

反质子的旋转轨道不断缩小，最终进入了强力的作用范围，这个力对于质子和反质子而言都是无法抗拒的。这曲华尔兹舞蹈也许会持续百分之一秒，但是一旦进入强力的陷阱，就会被斩立决。这个灾难的信息会以光速穿过质子和反质子，在 10^{18} 分之一秒内就会消失，留下 γ 射线和介子。接着这两个产物也会消失；介子是由一个夸克和一个反夸克构成的短寿命结构，会自行解体变成更多的 γ 射线，也可能变成电子、正电子或者幽灵般的中微子，而所有的一切都会从湮灭中带出能量来。

湮灭提供给物质释放自身能量的唯一机会，但这个机会是一把双刃剑。在我们的物质世界中，反物质是无坚不摧的。要将反物质利用起来，我们就必须将它保存好并不能与任何物质接触，一直保存到我们想使用它的时候。怎样才能解决这个问题呢？接下来我们将会谈到。

6
储存反物质

/

6.1 无坚不摧

我父亲一直想知道，怎么才能储存住无坚不摧的东西呢？托斯切克（Bruno Touschek）帮他找到了答案。因为反物质会摧毁任何物质体，所以只有一种没有物质外壳的笼子才能保存它。这个办法就是制造一个比外太空更加空旷的真空，其中施加电场和磁场来限制住反粒子——比如，正电子或反质子，形成一个环形的束流。

实际上，现在很多物理实验室就是这么做的，比如，欧洲核子研究中心用 27 公里长的环形磁铁束缚着一团正电子沿着真空管道连续运行数周。这些正电子与光速的相对速度为 55 米每小时，只要周围的电磁铁能够一直保证它们不碰到真空管的管壁，同时又没有与真空管中残留的气体原子相遇，它们就会一直存在。

这里先不详细讲述这些装置。我们现在需要解决的问题是：反物质要如何存储、运输并且适时使用。很明显我们无法建一条长 27 公

里的环形磁铁，更别说搬着这个大家伙到处跑了。

而且也没这个必要。欧洲核子研究中心的巨大磁铁环可算科学成果的一个巅峰，经过特殊的设计，它能将反物质加速到几乎接近自然速度的极限——30 万公里每秒。早在 1960 年，科学家们就提出了欧洲核子研究中心的最初想法和技术可行性。而其发明者是一位奥地利科学家托斯切克（Bruno Touschek），虽然当时他和所有人一样，都不会想到这会用于存储反物质。

第二次世界大战期间，托斯切克一直在汉堡进行雷达研究。他的一个同事是挪威人维德勒（Rolf Wideroe），此人在 20 年前就想到用一连串低加速电压的小加速器组成大家伙来加速粒子。在维德勒规划的蓝图中，要使用电场对粒子进行直线加速。接着，美国的劳伦斯（Ernest Lawrence）使用磁场成功将粒子的轨迹控制成一个环形，从而使得粒子可以多次穿过相同的加速区域。劳伦斯的“回旋加速器”导致了现代高能物理的诞生，他也因此获得诺贝尔奖。但即使是现代加速器也无法满足维德勒的基本理论，他之后提出的新理论才打破了这种限制。

1943 年，维德勒申请了一项技术专利，设计用于存储和对撞沿着相同轨道反向运动的粒子。但是专利局拒绝了他的申请，理由是这项技术“没用”。但是在 15 年之后，其他人却将这个技术投入了实用。如果你将两个粒子对射，它们撞上的可能性会很小，基本都是擦肩而过。但如果你将粒子累积起来，到了一定数量之后再将两束粒子对射，那么很有可能两个反向束流中的粒子会正好在同时同地相遇。

1959 年，这个“没用”的想法首次投入应用。一个美国团队建立了两个“储存环”，使用磁铁将电子约束在其中。其中一个环内，电子在磁铁控制下顺时针运动，而另一个环内的磁场反向以控制电子做逆时针运动。

也正是这个时候，托斯切克想起了他在第二次世界大战时与维德勒的讨论，由此他产生了一个想法：正电子和电子质量相同电荷相反，如果一个磁场将电子向左偏转，那么就是说会把正电子向右偏转。要把电子偏转到相反方向上需要两套磁铁，那为什么不只用一套磁铁就将电子和正电子反向偏转呢！这两束粒子将完全按照相同的轨道反向加速，从而获得相同的能量。

托斯切克和一个研究小组在罗马附近的佛拉斯卡帝（Frascati）实验室建起了 ADA 装置(“ADA”是意大利语“Anello d’ Accumulazione”的简称，意思是储存环）。整个装置直径仅有一米。他们成功地储存了电子和正电子，标志着反物质首次被人类驯服。之后这个装置被装进货箱运到了巴黎附近的奥尔赛，那里有更强的电子束流。

正是在 1963 年的奥尔赛，人类首次成功储存了强的正电子束，同时使其与电子束对撞。这两束独立的电子和正电子束中的粒子会偶然地相撞，然后这对正负电子会湮灭成一道光。所以我们可以自由控制， 想储存的话就有办法储存，想湮灭它们也可以让它们对撞。

在之后的 30 年中，科学家们建立了越来越大的储存环，其中储存的电子和正电子能量也越来越高。通过探测正负电子对撞和湮灭，他们发现这是研究物质来源和性质的一种绝妙方法，也由此产生了无

数的诺贝尔奖得主。迄今为止，最大的此类装置就是欧洲核子研究中心的 LEP——大型正负电子对撞机，正如这章开头提到的一样。近年来，一些小型储存装置也先后在斯坦福、日本以及它的故乡佛拉斯卡帝建立起来，用于在特定情况下对撞正负电子，以期望揭示出物质和反物质的更多差异。在第 8 章中我们将就此作详细介绍。

这些类似的装置都表明，物质与反物质之间有着极度的对称。正负电子束流在正负电子对撞机中反复运行，然后同时在固定地点碰头，这证明它们对于引导磁力的响应是相同的。正是正负电子具有精确抵消的电荷和完全一致的质量，才导致它们会按照预设的轨道反向运行。质子和反质子在磁场中的回旋运动也是如此，通过测量它们的运动轨迹，我们发现质子和反质子在十亿分之一的精度上仍然是相同的。

6.2 储存反质子

托斯切克驯服了正电子；而在俄罗斯，巴克（Gersh Budker）决定试试能不能驯服质子和后来的反质子。质子和反质子的质量大约是电子和正电子的 2 000 倍，所以驯服它们需要的能量也相应的大得多。

然而，只要我们能得到足够的能量，产生反质子并不困难；正如我们在前面看到的，1955 年就首次获得了反质子。但是，一旦你产生了反质子，怎么储存它们却成了一个大问题。首先，用质子束轰击一块金属，在质子与金属的碰撞过程中，有二十五万分之一的概率会

发生动能转化——动能通过产生一对正反质子对的方式转化成质量。这些反质子的运动速度接近光速，并向四处发散。之前人们使用的磁场可以将正电子聚焦在稳定轨道上，但是却不能控制住更狂野的反质子，它们会冲出轨道，碰撞通道壁并最终湮灭。

人类得想个办法来驯服它们，看起来得让它们减慢步伐，行话叫作“冷却”。巴克想出一个办法，使反质子穿过冷电子云。虽然电子是物质而反质子是反物质，但彼此之间非常和谐——电子只会被正电子摧毁，而反质子也只受到质子和中子的威胁。反质子的不规则振动会被渐渐磨灭，实际上是它们的能量（或者称为热量）传递给了电子。1974 年，巴克成功制造并冷却了反质子，但是数量还不足以形成束流。

1979 年，诺贝尔奖委员会决定将物理学奖授予格拉肖（Sheldon Glashow）、萨拉姆（Abdus Salam）和温伯格（Steven Weinberg）三人，以表彰他们将电磁场和弱力联合起来形成“电弱”力的理论。但是，当时并未证实这个理论中最重要的预言，即 *W* 和 *Z* 粒子的存在。在实验精神的驱使和鲁比亚（Carlo Rubbia）的支持下，欧洲核子研究中心计划要找到这两种粒子，但需要一种全新的技术——质子和反质子的高能湮灭。理论学家通过计算得出结论，在这种条件下，有可能不仅产生电磁辐射和光，还会产生 *W* 和 *Z* 量子束团——射线中弱力的传输介质。

鲁比亚计划利用欧洲核子研究中心的“超级质子同步加速器”（SPS），将质子和反质子按相反方向旋转加速。这是最后的战役。在它之前，欧洲核子研究中心使用的是“质子同步加速器”（PS），没有“超级”二字，比较老旧，性能一般。首先就是要将质子聚拢起

来，再加速成高能束流，然后注入超级质子同步加速器中。这部分比较简单，而更大的挑战还在后面——如何加速反质子，最后将它们成功注入超级质子同步加速器中。

这个难题被荷兰工程师范德梅尔（Simon van der Meer）解决了，由此他获得了 1984 年的诺贝尔奖。他的想法是：当粒子沿着轨道传播时，它们穿过半圆轨道所用的时间比以光速沿直径方向穿透的信号的时间长。当粒子在轨道中运行，其自身要经过一个半圆，而发出的信号会以光速沿直径传播，因此信号的传播比粒子本身快得多。

欧洲核子研究中心将这个想法变成了现实，建造了一套小的“反质子收集器”（Antiproton Accumulator）装置，简称 AA。物如其名，这套装置可以捕获反质子，并将其冷却为温顺的束流，然后聚拢、储存直到具有足够的量，再为我所用。其中就用到了范德梅尔的理念。在存储环的两边，分别有一个探测器，当束流中的反质子经过探测器时就会被探测到。测到的信号传输给计算机，计算出束流的偏离程度以及聚束所需的力度，接着将信号光速传输给储存环的另一端的电极。这个办法的高明之处在于，反质子经过半圆形轨道时，信号却走了捷径——沿直径直线传播，因此，反质子绕行所花的时间是信号的 1.5 倍。如果这个储存环足够大，就可以留给电子系统足够的时间用来完成计算并给出指令；后端的设备收到指令后马上动作，然后静候反质子束的到来。十亿分之一秒称为“纳秒”，一纳秒内光可以传播三分之一米（约一英尺）[1]。这和瑞士手表一样精确的计时，确确实实而

[1] 这很容易记住，因为它大约等于成年人的足长，如果你用脚丈量一下某个距离，就可以大概知道光穿过这个距离需要多少纳秒了。

又寓意深远。每经过两秒，质子就会从 PS 中出射一次，轰击靶片产生反质子。这些反质子会一起飞入反质子收集器 AA，然后被冷却两秒，直到下一个脉冲反质子的到来。

AA 类似于内、外两个环，它们之间通过阀门连接，阀门可以随时开启和关闭。在阀门内侧的环中，很多冷却后的反质子分支在循环运动；同时，在阀门外侧的环中，是刚到达的反质子束，正在环内进行冷却。在下一个脉冲束如约而至之前，阀门会开启，外环中已经冷却好的反质子束会被切换进内环。然后阀门关闭，下一个脉冲束进入、冷却，这个过程周而复始。

一旦反质子进入内环，范德梅尔的电信号瞬间穿过内环，然后对整个反质子束继续冷却。收集并冷却 1 000 亿个反质子，需要超过一整天的时间。范德梅尔的方法使得我们可以得到高强度的高能反质子束流，并最终用于实验。

反质子的质量很大，因此要驯服它十分困难，但是一旦将它驯服，它蕴含的能量也会大很多。这引起了物理学家们的极大兴趣。通过质子和反质子的湮灭过程，他们可以重现宇宙大爆炸初期的临界状态。而对技术人员来说，这简直是冷却史上的一项突破，是各路好手大显神通的舞台，其中的精密电子控制技术令人叹为观止，也证明了反物质是可以被驯服的。是的，我们可以制造并驯服反质子，但这个过程很慢，需要有足够的耐心和财力，耗费高达数百万美元。

6.3 潘宁陷阱

高能的反粒子多数储存在大型加速器内部，中心温度极高，甚至远高于太阳中心温度。有没有可能将其储存在室温或更低的温度下呢？1984 年，汉斯（Hans Dehmelt）成功将单个正电子储存在一个真空圆桶中，圆桶尺寸大约为半个大拇指，时间为 3 个月。这个过程中用到了电场和磁场的精确配合，他谦虚地将其命名为“潘宁陷阱”，用以纪念弗兰斯·潘宁（Frans Penning）。潘宁是一位荷兰物理学家，而汉斯的精巧点子正是源于潘宁。

潘宁陷阱的想法可以追溯到 20 世纪 30 年代，当时收音机里还装着真空管，电视也还在使用阴极射线管，电子学才刚刚萌芽。电流被认为像液体一样在电线中流动。将电线一端连接到强力电池的负终端（阳极），另一端接通充气玻璃管道的金属板（阴极）。这样就意味着电流穿过了气体，而此时神奇的辉光出现了。这个现象在 19 世纪末期首次被发现，而当时正是令人着迷的维多利亚时代。人们开始研究此现象中的原理，最终导致 J.J. 汤姆森发现了电子——这种电流的载体。他使用电场和磁场来驾驭束流，通过研究其响应方式，他认识到其中包含有轻质的电子，比原子更小。

如果磁场足够强，电子在其中的偏转轨道就会很小，因此可以将电子禁锢成一个很小的环流，使它们无法穿过真空管。至少，在完美的真空中会如此；如果真空管中有残留气体，电子就会撞上气体原子，脱离轨道，而电流就产生了。

潘宁灵机一动，想到利用这个效应可以来测量真空度。电流的流动或切断依赖于电压、磁场强度和管内含气量。而汉斯通过改变电压使得电流永远无法流动，电子只能在磁场内部四处溜达。他使用的阳极形状类似一个空心圆桶，底和盖与桶边分开一定角度，作为阴极。实际上他制作的是一个易拉罐大小的封闭罐子，只是“潘宁陷阱”所用的材料不是金属而是电场和磁场。汉斯首先将一个单独的电子禁锢住，并测量了它的磁特性。这个封闭循环的电子就像一个迷你的无线电发报机，不停向外发射电磁辐射，汉斯甚至将它的频率调整到了收音机可接收的范围。通过精确测量无线电波的频率，他可以将电子的磁性测量到百亿分之一的精度。这个精度远超之前，精度如此之高，使得他发现其磁性比狄拉克方程给出的要大一些。

二者的偏差量非常小，大约相差千分之一，所以之前从没有被发现，但是这种偏差却非常重要。当然，这还远远不能证明狄拉克方程是错误的，它实际上进一步验证了物理世界描述的深奥性。原因在于，狄拉克不仅创立了电子理论，而且也描述了其对电磁场的响应方式。费曼等人证明了电磁场可以自己转化成转瞬即逝的电子和正电子，这是量子不确定的诸多奇特性质之一。这些“虚幻”的粒子和反粒子在真空中的效应，意味着紧贴着电子周围的并非只是简单的空白空间，而实际上是一片火热的海洋。汉斯的实验精度极高，以至于测到的不仅是电子本身，还测到了周围真空的效应。这里我们不谈哲学，不讨论哲学上什么是电子这个问题；这依赖于你观察的细致程度。当观察足够仔细，就会看到它是如何干扰真空的，将周围的虚空世界变成充

满反物质的蜂巢。理论学家一直怀疑的东西被汉斯所证实：我们生活在物质的世界中，但是真空中却同时充满了“虚幻”的反物质和“虚幻”的物质。这里的虚幻意味着它们无法具体化（也许可以解读为“非具体化”），但是当其经过物质粒子身边时，又会产生某些效应以表明它们的存在。

以上的事情发生在 1973 年，而 10 年之后汉斯成功地将一个正电子禁锢在了这个陷阱中。他将正电子禁锢了 3 个月，也测量了正电子的磁性质。他需要做的是将磁场方向翻转，那么带正电荷的正电子会感受到约束力，与带负电的电子之前感受到的一模一样。当他测量正电子的磁性时，发现这个值与之前电子的情况一样也升高了相同的千分之一。汉斯不仅禁锢住了正电子，还证明了它实际上是电子的一个完美的电磁镜像。[1]

6.4 陷阱中的反质子

基于对大爆炸物理的兴趣，欧洲核子研究中心制作了高能的反质子束，这个工程使用了大量的装置。想要将反质子捕获并储存在很小的容器内，你需要尽量安静的反质子。因此，欧洲核子研究中心的科学家和工程师团队各显神通，最终建起了一个慢化反质子的储存环，被称为“低能反质子环”（Low Energy Antiproton Ring），简

[1] 汉斯获得了 1989 年的诺贝尔奖；颁奖词中写道：“（他）开发了粒子陷阱，使人类得以在极高的精度下研究单个电子（或正电子）。”

称 LEAR。汉斯的一个同事加布里埃尔斯接受了一个挑战性任务：将反质子从低能反质子环中提取出来并用潘宁陷阱捕获住。

相对正电子而言，反质子的问题是块头太大，制造它们就需要更高的能量，继而会产生讨厌的抖动。欧洲核子研究中心简单总结了此项挑战的关键：首先必须创造出高于太阳中心的温度，用于产生反质子；接着为了将其储存在潘宁陷阱中，又必须把它们的温度冷却到低于外太空，同时需要的真空度还高于月球表面。要达到如此低温，传统的方法是液氮冷却。然而，液氮由质子和中子构成，它们一与反质子接触就会发生湮灭。加布里埃尔斯想要储存反质子，而不是湮灭反质子！所以就像巴克一样，他也使用了冷电子气体作为替代的冷却剂。

他所使用的陷阱长度大约为 15 厘米（约 6 英寸）。当反质子进入以后，电压升高从而产生电屏蔽，就像关上了陷阱板一样。他在 1986 年首次捕获了反质子，而短短 3 年之后就可以将 6 万个反质子储存 4 天之久了。但是他的目标是要对少量的反质子进行高精度、长时间的储存。直到 1991 年，他已经可以将 100 个反质子储存数月之久；1995 年，终于达成了储存单个反质子这一目标。首先，他把约 10 000 个反质子和冷却气体中大量的电子禁锢住。接着，轻微地给出电压脉冲，就像打开一扇小窗户，通过小窗户电子可以逃离，而笨重的反质子会被卡住。然后，再次调整电压，开始允许一些反质子逃离直到只剩下 12 个。这 12 个反质子都在磁场中盘旋，但是速率各不相同。接着，调整一束激光，将跑得最快的那个踢出来；就这样，反质子一个接一个被踢出来，直到最后一个剩下。这时候，将电压升高，

陷阱完全关闭，留下一个孤独的反质子在磁瓶中独舞。

成功禁锢住单个反质子之后，加布里埃尔斯的团队就可以随意研究它了。他们将其与质子比较，比较它们在电场和磁场中的行为。这些实验证实：质子和反质子也相互呈完美镜像；它们的电荷相反，而在高于千亿分之九的测量精度下，测得的单位质量所带电荷量仍然相同。

利用禁锢的反质子进行的另一项研究是关于是否存在反重力的。我们知道，物质在重力作用下会掉落，而根据物质和反物质的对称性，反物质会掉向反地球。但是在地球重力下，反物质会往下掉还是往上升呢？虽然没人对此百分百确定，但反物质会感受到反重力这件事似乎也不是完全没有可能。如果要检验，那么最好的办法似乎就是反质子，因为它的质量是正电子的近 2 000 倍。这个想法是洛斯阿拉莫斯实验室的一个团队在 20 世纪 80 年代的一次欧洲核子研究中心委员会会议中提出的。当时没有人觉得能完成这个检验，因为需要的探测敏感度远超出了当时的技术能力范围；但是这个挑战本身又意义重大，我们确信它会对反物质技术产生根本性的促进。

今天，距离正电子的发现已经过去 80 多年，距离反质子的发现也过去了半个多世纪，所有的一切都证明了反粒子是粒子的自然镜像，是自然的阴阳两面。但是，我们仍然不知道在重力作用下反物质是会落下还是上升。[1]

---

[1] 至少目前没有直接证明。实验发现，（由物质构成的）不同物体掉落的速度相同。如果爱因斯坦的广义相对论对重力的描述是正确的，这个结果就间接预示着反物质也会掉向地球，速率与物质相同。

6.5 反氢和反物质工厂

磁瓶中只能储存很少量的反物质。正电子和反质子会单独存在，其限制因素类似电荷的相互排斥。因此无法将它们大量的聚拢，否则会导致它们之间的排斥力迅速增大，超出了磁瓶磁场的控制能力。实际上，磁瓶会泄露，而反物质会被摧毁。要解决这个问题，一个办法就是将反质子和正电子放在一起，构成反氢原子。不过这又会带来新的问题：原子是电中性的，而电场和磁场无法控制电中性粒子——它们几乎瞬间就碰上普通的物质（如碰上容器壁），然后就湮灭掉了。

1995 年之前，可能还没有一个反物质原子曾经在宇宙的历史上存在过。宇宙射线中的正电子和反质子不期而遇时，它们的速度非常快，导致它们会继续各走各路，而不是停留下来构成一个原子。但是在这一年,欧洲核子研究中心的一个团队首次合成了少量的反氢原子，一切也就随之改变了。

低能反质子环（LEAR）内部循环的反质子偶尔会接近重元素的原子核。相互擦肩而过的两个反质子足够接近时，会产生一对正负电子对，而它们自己也会幸存下来；有极小的概率，反质子和正电子会包裹起来形成一个反氢原子。

1996 年，欧洲核子研究中心宣布他们制造出了 9 个反原子，这个消息很快传遍全球，报纸、电台、电视上到处都是这个新闻。然而，反原子的存在时间极短，这意味着不能用于更多的研究。这项工作的意义在于制造出了反原子，只是它们仅能存在不到一秒，然后就被周

围的物质摧毁了。

低能反质子环在 1996 年停止了运行，代替它的是一台用于产生和慢化反粒子的装置，旨在制造反物质。新装置叫作“反质子减速器”（Antiproton Decelerator），简称 AD，其中的磁铁会控制住反质子，强力电场再将它们减至相对缓慢的速度，约为光速的百分之十。反质子减速器实际上算是之前的反质子收集器的升级版。唯一的重要升级在于改进了真空系统，使用了低能反质子环之前采用的真空机制。

接着又进行一个叫作“ATHENA”（反氢仪器）的实验，将反质子从反质子减速器中引出，然后捕获了大概 10 000 个反质子，将它们放在一个磁性笼子里，在这里做进一步慢化处理，其速度会降至光速的几百分之一。下一步，从某种放射性核素的衰变中收集到约 7 500 万个冷正电子，将这些反质子和正电子混合，然后进行第二次禁锢。最终这些正电子和反质子被输送到第三级的“混合”陷阱中，在这里“冷”反氢原子最终形成。

如何知道反氢仪器实验成功了呢？当一个正电子和一个反质子结合形成一个中型反氢原子时，它会从禁锢电磁场中逃离出来。这个反原子会碰撞周围的原子，其中的反质子和正电子会与周围原子中的质子和电子分别发生湮灭。如果同时测量到反质子和正电子的湮灭，那么反氢原子的产生就铁证如山了。

2002 年，反质子减速器再次成为人们关注的焦点。这一年反氢仪器和另一个实验反氢陷阱（ATRAP）一起，首次成功地产生了数万个反氢原子，这个数目足够用来开展反物质气体研究。2002 年 8 月，

恰逢狄拉克诞辰一百周年，反氢仪器实验第一次观察到了反氢原子的清晰信号。一个月之后，反氢陷阱也宣布首次观察到了反原子。人类有望最终可以观察氢原子和反氢原子在电磁场和引力场中的行为有何不同。物质和反物质之间的任何细微差别，都会深远地影响我们对自然和宇宙的基本理解。但是，如果你想从反物质中提取出可用的能量，并实现某些狂热太空旅行者的梦想，那么你还需要更多的反物质量，多过上述量的几十亿倍，并且还得将它们安全地储存下来。反质子减速器是地球上现有最好的反物质工厂。当然，科幻小说中还描绘了一些卓越的反物质工厂，我们将在本书的最后一章中进行介绍。

6.6　正负电子对撞机

在 20 世纪最后的 10 年，反物质在世界最大的科学装置内部依次产生、储存并最终湮灭。LEP，全称为“大型正负电子对撞机”（the Large Electron Positron Collider），因为它本身很大。在瑞士和法国的边界上，距地面 50 米以下，有一条与伦敦地铁环线长度相当的隧道，其中的磁铁操控着电子束和正电子束，以完成各种实验，这就是正负电子对撞机。

从一些粗略的数据中，我们可以对这个奇迹一般的反物质工程有一个初步印象。这个巨大的环包括 8 个弧形部件，每一个长约 3 公里；弧形部件之间通过 500 米长的直线部件相连。总共使用了 3 500 个独立的磁铁，将束流沿着圆弧进行扭曲；另外还使用了 1 000 个特

殊构造的磁铁，用于将束流聚拢以形成高强度电荷体。

电子束的获取比较简单：将电子从原子中剥离出来，然后用一个小加速器对其加速。对于正电子的获取，首先使用电子束轰击钨靶，碰撞时的能量会产生一些正电子和次级电子。由此不断将正电子保存在储存环中——这里使用的储存环与之前根据范德梅尔想法改进后的装置的原理类似，毕竟这一装置已经可以很好地储存反质子了。当收集到足够的正电子后，它们就会被传输给一系列的加速器进行加速，就像汽车通过换挡来慢慢提高速度一样。最终，当这些正电子拥有足够能量后，就被注入正负电子对撞机的主环中。正负电子对撞机中的真空管道贯穿整个磁铁的中心，并形成了有史以来最长的超高真空系统；而正电子就在这个真空系统中飞行。这些真空管道的内部气压比月球表面还低；这么做的目的只有一个——之前历经千辛万苦才制造、储存并且聚焦了的正电子束，可不能因为真空度不足而使得它们被残留的空气原子摧毁掉。

在瑞士美丽的葡萄园地下，正电子沿着 27 公里长的环进行加速，然后以 11 000 次每秒的频率穿越国境线输送到法国境内；在日内瓦附近的法国边境内，它们从伏尔泰的雕像下方飞驰而过，仰视这位大文豪的终老之地，在汝拉山麓的田园、森林和村庄的地下疾驰。电子的身世与之类似，因为磁场可以在相同的环形轨道上操控电子和正电子，只是它们方向相反。只需将二者的轨道稍微分开即可。但是，在整个环路中，有 4 个点上会使用小的电磁力脉冲将束团轻微偏移，使得正负电子束流发生交叉。即使在这 4 个点上，由于正负电子束团非

常发散，所以二者内部单独的电子和正电子几乎不会相碰，使得环流可以继续。当然，偶尔也会有一两个正负电子会迎头撞上，导致相互湮灭成一瞬间的能量。

下面就到了关键时刻。反物质可以破坏物质并释放二者所有的能量，而此时就用到了它的这种能力；通过科学的办法，在空间中一个极小的区域内制造出一个微型环境，以再现大爆炸初期宇宙整体的模样。而科学家们关心的是之后的情形，通过观察构成粒子和反粒子的基本元素是如何从这个模拟的"微型爆炸"中产生的，他们就能知道在早期的宇宙大爆炸中能量是如何首先转化成实物的。在碰撞位置的周围，布满了大量高度复杂的电子学设备。正负电子对撞机不断运行，一次次重复着远古的造物过程，而一旦这些物质和反物质的原始碎片出现，信号就会被捕获并记录下来。

所有以上这些工作都有一个前提：制造并控制正电子束，使它们连续存活数天。这需要很高的工程精度，以至于正负电子对撞机的运行状态甚至受到了月球运动的影响。最初科学家们发现，相比计划的交汇时间，电子和正电子到达的时间会稍微提前，而另一些时候又稍微滞后，这种差异小于 1 纳秒，但是正负电子对撞机会感受到这个差异。这个时间差异从提前到滞后再到提前，周而复始，一个周期大概需要 28 天。直到此时，物理学家们才认识到这台巨大而精确的装置拥有多么惊人的敏感度。月球的周期运动会在海洋中泛起数米高的潮汐，也会以微弱的速度影响地球表面的岩石。在每个月中，27 公里长的正负电子对撞机都会膨胀和收缩几毫米，因此，有时束流需要

多跑一段，而两星期之后又会少跑一段。

来自世界各地数以百计的科学家们在这个实验中通力合作。20世纪80年代，在首次开始准备实验时，就遇到了一个很大的挑战——大家在不同的地点，却都需要即时数据，并且必须方便地相互交流自己的分析结果。而欧洲核子研究中心研制发明了万维网，旨在解决这个问题；反物质可以摧毁物质，但它却间接地创造出了万维网。经过10年的实验，正负电子对撞机发现了宇宙产生仅十亿分之一秒时物质是如何被创造出来的。从这个“微型爆炸”中产生了粒子和反粒子，例如电子和正电子，或如夸克和反夸克。它们中的很多在正负电子对撞机出现之前就被人类所知了，但是正负电子对撞机帮助科学家们更加深入地理解了这些粒子和反粒子的不同形态及其相互之间有什么关系。除了我们熟知的电子、形成质子和中子的两种夸克形态、我们所知的物质，还存在其他的种类，它们异常罕见，甚至在地球上完全不存在，但是在早期火热宇宙大爆发中却是非常常见的。

它告诉我们，自然并不满足于将电子作为原子外部区域内的唯一可能粒子，因而创造出了其他两种加重版本。一个是“μ 子”（muon），大约比电子重200倍；另一个是“τ 子”(tau)，大约比电子重4 000倍。它们三个电荷相同，而且根据现有的观察，其他性质也相同，仅有质量不同。而且，正如电子拥有正电子这种反粒子配对，其他两种粒子也分别拥有自己的带正电荷的反粒子。

夸克也有相似的性质。质子和中子由“上”和“下”夸克构成。

存在两种加重版的上夸克，称为“粲”夸克和“顶”夸克；同样存在两种加重版的下夸克，称为“奇”夸克和“底”夸克。这六种不同“口味”的夸克都拥有对应的反夸克。（见图 6.1）

费米子（物质）

电子 e^- 中微子 ν_e	μ 子 μ^- 中微子 ν_μ	τ 子 τ^- 中微子 ν_τ	轻子 电荷 −1 　　 电荷 0
上夸克 u 下夸克 d	粲夸克 c 奇夸克 s	顶夸克 t 底夸克 b	夸克 电荷 $+\left(\frac{2}{3}\right)$ 　　 电荷 $-\left(\frac{1}{3}\right)$

玻色子（力的载体）

光子 γ	电磁 } “电弱”力
$W^+W^-Z^0$	弱 } “电弱”力
胶子	强力

图 6.1　标准粒子模型（夸克和轻子是费米子），以及力的载体（全部为玻色子）。

大爆炸之初，能量在一片完美和谐之中转化成物质和反物质，而正负电子对撞机向我们展示了当时宇宙状态的一瞥。[1] 但是，在数百种粒子和反粒子之中，已经发现了一些例子，其中的物质和反物质虽然在产生时是对称的，但是在生命之中和消亡之时其行为却是不对称的。如果我们能解释这种现象的缘由，那么也许就能找到一些提示，

[1]　正负电子对撞机现在已经退休，替代它的是 LHC（大型强子对撞机，Large Hadron Collider），其中使用的粒子是质子；现在的科技还不足够发达，因此还不能将反质子应用到大型强子对撞机中，尚需作进一步研究。

帮助我们理解为何在遥远的过去反物质和物质没有在产生之初就瞬间相互毁灭掉,才使得今天的宇宙中依然含有某些存在而不是一无所有。我们故事的下一步，就要说说物质和反物质之间的微妙关系，看看它们有什么细微的不同。

7
镜像宇宙

/

7.1　时光倒流?

理查德·费曼（Richard Feynman）是20世纪最伟大的理论物理学家之一，他最著名的成就是他的费曼图。图中描述了粒子在空间和时间中的旅程，以及它们是如何通过吸收和发射辐射（比如光子）来相互作用的。从更高的角度上来看，费曼图本身还对高深的数学部分进行了编码，使得物理学家可以通过计算，得到这些物质的基本组分的行为模式。费曼年轻时服务于曼哈顿计划——这个计划在第二次世界大战期间负责研发原子弹。残酷的第二次世界大战将整个欧洲变成了一片废墟，但在中立的瑞士，恩斯特·斯达克伯格（Ernst Stueckelberg）也绘制了一幅类似的图表，但是与费曼之后提出并独立完成的图表相比，这个图表的应用范围比较有限。斯达克伯格图的含义之一就是：一个反粒子可以看成是一个粒子在时间中逆行。

斯达克伯格将他的这个想法发表在1941年的一份瑞士期刊上，

这个期刊在当时很难被国际社会注意到。8 年之后，费曼产生了类似的想法，而正是通过这个关键性的想法，他才得以用一种前所未有的方式来描述粒子和原子的物理行为模式。费曼图极其重要，因此成为今天相关专业学生和物理计算的基本技能。但是斯达克伯格总是认为自己没有得到应有的荣誉。当被问及为何当年不把文章发表在国际期刊上——比如著名的美国期刊《物理学评论》（*Physical Review*），他声称是因为当时处于战争之中，找不到一个能把图画出来的画家。这很难令人信服，毕竟这个图只是一些用波浪线相连的直线而已。不过无论如何，看起来斯达克伯格才是提出反粒子可以看成时间逆行粒子这个观点的第一人。

这就引起了很多关于反物质的神奇想象，比如，我们看到一个正电子，会感觉它是来自于未来的电子。人们经常说时间不等人，当然时光无法倒流。把这个理论用到反物质世界中，就会变成：反物质世界正在向着现在的我们前进，从未来的角度看当前是不可知的，而且反外星人随着每一反天而返老还童。显然我们还无法看到它们。要了解反物质和相对物质的时间反转，我们首先需要理解物理学基本定律与时间的关系，以及我们对时间的感知来自于哪里。

对于实体物质，包括生物，时间是一种幻觉，牵扯有施加在大量的原子上的概率论。比如鲜花凋零、美颜老去、鸡蛋破碎而不会自发恢复完好，通常当感觉到有序变为无序时就会直观地觉得时间流逝了。但一旦从物理学的基本定律来看，这个概念就远不够清晰明了了。

无论是行星还是台球，所有尺寸下的运动都遵循牛顿运动定律；

无论在过去还是将来，这都没什么两样。如果我们能将时间倒带，会看到行星在轨道上绕着太阳逆行回到过去，而这个景象完全等同于在镜子中看通常的行星运行。如果我们能同时完成以上两个过程，即镜像观察和倒转时间，我们看到的将会是完全相同的现实情况。当同时施加“*P*”（表示平等或者镜像对称）和“*T*”（表示时间倒转）时，牛顿运动定律不变。

虽然这些基本的定律方程并不关心你的时钟是朝哪个方向转动的，[1] 但毫无疑问，时间有一个明确的方向。单独的一些原子可能不在乎时间矢量，但是它们之间的相互作用使它们四处移动，使得一个原子集群趋向于变得无序。这是由于存在更多的可能选项：原子形成某个特定的鸡蛋只有一种方式，但是它落在地上打碎的方式可以有无数种。

举一个简单的例子，在斯诺克比赛开始的时候，10 个红球被摆在一起构成一个类三角形。随着母球撞击，红球会被打散。由于开球之后这些红球会停留在诸多可能的位置上，所以每一局比赛从开球阶段就变得几乎独一无二。在很小的概率下，母球可能没撞上球堆，甚至自己也回到开球点位。这种情况下，将录像正放和倒放，电视观众就没法分辨哪个是真的比赛而哪个是按时间倒放。除了这种千年难遇的情况以外，电视观众都能分辨出真正的比赛和倒放，因为被随机打散的球不会趋向于聚拢起来形成一个整齐的等边三角形。

10 个被打乱的斯诺克台球已经足够标示出时间的方向了。而在

[1] 如果观察行星的时间足够长，就会发现时间矢量。由于潮汐摩擦，月球正在靠近地球，阿波罗号宇宙飞船放置在月球上的探测器已经证明了这种单向的运动。大约经过几十亿年之后，我们所知的太阳系将会死亡。

微观物体中包含有大量的原子，所以时间的方向就变得准确无疑。但对于原子中单独的基本粒子而言，时间却丢失了方向，就像斯诺克比赛中只剩下两个球时——在比赛的最后阶段，台面上只剩下一个黑球和白色母球——下一杆可能会打一个“定杆”，就是白球撞击静止的黑球，然后白球瞬间定住，并将自己的动量传递给黑球。反向播放这段录像，与正向唯一不同的只是黑色的“母球”撞击了白球而已。要是把两个球都换成白球，你就无法分辨所看的录像是正放还是倒放的。类似地，在单个电子、质子甚至原子的层面上，所有的法则都与时间方向没有关系。

对于那些单个的带电粒子，你还得多做一件事：重演时间，通过镜子观看，并将所有的电荷符号交换。你以什么开始，就会精确地以什么告终。在相似的黑白台球情况下，如果也将黑白两色交换，你会无法分辨真实和倒放。这是物质和反物质之间的对称，比如正负电子之间。电子的行为机制及其对力的响应，等同于镜像观看一个倒向播放的正电子。因此，正电子在正负电子对撞机中逆时针循环而形成的电流，等同于在时间逆向电影中观看顺时针循环的电子形成的电流。从这个角度看，正电子就像在时间逆行的电子。

费曼图是对数学计算的一种生动形象的勾勒，可以帮助人们避免陷入深奥的量子力学计算中去，其中带电粒子与电磁场的互相影响复杂无比。费曼图使我们能够直接得出结果；追踪那些导致正能态和负能态的微妙陷阱；而将后者看成“时间逆行”，可以非常有用地帮我们避开一些那种陷阱，但据我们所知，还没有什么东西能真正在时

间中逆行。就像电子带负电，是在时间中前行的正能粒子；它的带正电类似体正电子也有正能量，同样在时间中前行。

在某个周一的清晨，将一个正电子束团和另一个电子束团同时注入正负电子对撞机中，然后随着它们在正负电子对撞机中慢慢向着未来循环，同时进行实时录像。在周末的时候，将这段录像倒放，与你在现实中看到的情形进行比较。正电子引起的电流看起来很像电子引起的电流的时间逆转，不多不少地，电子正像时间逆转的正电子。[1]和所有的反物质一样，正电子的行为与常见的物质粒子并无不同。只是它的破坏力使得其摊上了“反”物质的“恶名”，除此之外，它就是一个材料世界中的常客。

要将物质和反物质之间的深奥对称显现出来，你需要交换以下 3 个性质：电荷（C）、奇偶（P）、时间（T）。60 多年前，当斯达克伯格和费曼进行他们的研究时，认为交换任意一个性质就足够显示出其对称性了，比如只交换时间。但是今天我们知道，一个是不够的。交换一个或者两个，还是会出现一些微妙的不同。物质和反物质可以毫无疑问地分开。[2]

[1] 忽略重力。如果考虑反重力的话，最理想化的结果就是把正负电子对撞机给抬升到外太空中去。

[2] 数学中有一个高深的理论，称为 CPT 理论，它认为当所有 3 个交换完成之后，物质和反物质就一定会变得相称。但还有一个前提就是：只有在忽略重力影响时才成立。在重力的影响下，物质和反物质的行为是否还会对称，当今科学界仍然没有达成共识。

7.2 奇异粒子的奇异行为

原始的对立宇宙力是一种正反的统一，这个概念在中国古代哲学中被称为阴和阳：阴象征着阴影面、狡诈以及左手；阳象征着朝阳面、正直和右手。物质和反物质也具有一些类似的神奇对称性，就像我们所看到的，它们也和阴阳一样具有一些深奥的不对称性。乍一看，它的光明和黑暗是完美对应的，但是通过更细致的观察会发现这种对称并非如此简单明显。（见图 7.1）

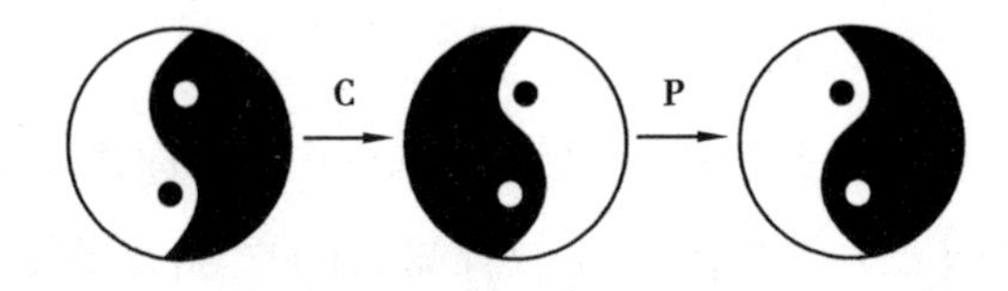

图 7.1　阴阳符号以及其负相的镜像

第 5 章中我们介绍了玻色子，由一个夸克和一个反夸克构成。在数百种玻色子中，有一种能够显示出物质和反物质之间的绝对区别。这是一个奇异粒子，称为中性 K 介子，在粒子物理表中表示为 K^0。它包含不同类型的一个夸克和一个反夸克，电荷总和为零。一个下夸克和一个奇异反夸克形成了 K^0。交换物质和反物质，你会得到一个奇异夸克和一个下反夸克，最终产生一个反版的 K^0（之后我们用 $\underline{K}^0$ 表示）。

1964 年，人们发现了一些线索，显示 K^0 和它的反粒子似乎有些特殊。在纽约的布鲁克海文实验室，有一个实验专门用来测量对称性

质，被称为 CP——实际上就是交换电荷并镜像观看。在那之前，所有人都相信物质和反物质会表现相同：CP 会证明自然法则的“对称”。然而，出乎所有人的预料，实验结果并非如此。当吉姆·克罗尼(Jim Cronin）和维尔·菲奇（Val Fitch）因此获得诺贝尔奖时，一份瑞典报纸的头条写道：今年的物理学奖授予了发现“自然法则之谬误！”自然法则其实并没有错，只是人们发现它比之前想象的更加微妙了。

今天我们对于自然的理解更加深入。我们甚至已经找到了方法来显示 K^0 和它的时间反转下反粒子之间的不对称。

奇异夸克的质量比下夸克大，但二者非常接近，几乎相同。因此，一个奇异夸克可以褪去一些能量然后转化成下夸克；类似地，一个反奇异夸克也可以转化成反下夸克。倒过来，如果一个下夸克或反下夸克吸收能量，就会像吃了士力架一样变成奇异夸克或反奇异夸克。对于 K^0 和 $\underline{K}^0$ 而言，这又有一些更加深奥的含义；它们总是不停地切换性质，就像哲基尔医生（Dr.Jekyll）和海德先生（Mr.Hyde）一样[1]。

在哲基尔模式下，下夸克和反奇异夸克进行组合。反奇异夸克会丢失能量然后转化成反下夸克；有时这些能量会泄露并引起 K 介子衰变，但也可能被附近的下夸克吸收，从而将下夸克转化成奇异夸克。这种情况下，开始是下夸克和反奇异夸克，最后却转化成了奇异夸克和反下夸克：一个 K^0 哲基尔变成了一个 $\underline{K}^0$ 海德。（见图 7.2）

[1] 这是英国小说《化身博士》中的主人公。善良的哲基尔医生由于喝了某种药剂，导致晚上会化身成海德先生来作恶，于是成为具有双重人格的人。

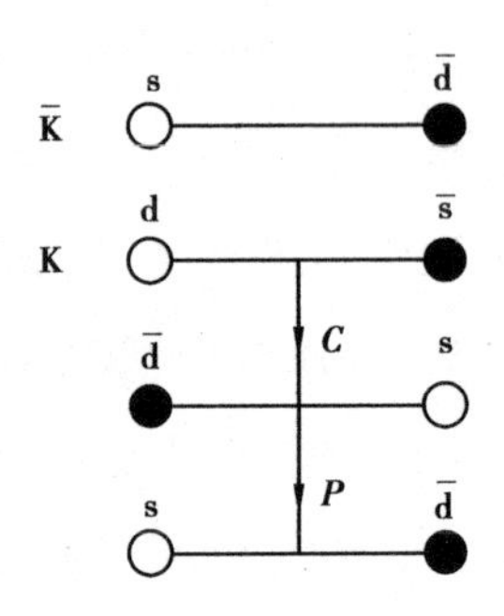

图 7.2　哲基尔和海德模式的 K^0。由 d（下）夸克或 s（奇异）夸克与对应的反夸克构成的 K 介子和反 K 介子（分别在符号上方加上标横线来表示反夸克）。图中表示了 *C* 效应（夸克转化成其“负相”反夸克）和 *P* 效应（镜像反转）。最终一个 K 介子转化成了一个反 K 介子。

这意味着 K^0 和 $\underline{K}^0$ 可以前后交换；哲基尔可以变成海德，然后又变回来。科学术语称之为振荡。如果物质和反物质相互对称，那么从 K^0 到 $\underline{K}^0$ 的变化概率与其反转过程应一样。对这种振荡进行录像，那么无论正放还是倒放这段录像，看起来都应该相同。如果物质和反物质有所不同，那么这些交换概率就会不同。

那么如何才能看透这些顽固的家伙，看看它的振荡是不是这边多那边少呢？办法就是观察它消亡后的残留物，如此你就可以分辨出它在消亡前是 K^0 还是 $\underline{K}^0$。如果你制造了一个束流，其中按 50:50 混合了 K^0 和 $\underline{K}^0$，那么你可以在它们消亡后比较其混合物。如果发现有任何不满足 50:50 的东西，那就表示要么振荡不对称，哲基尔和海德之间的转化会趋向一个方向而规避另一个方向；要么一种形态比另一种更容易消亡。无论是哪种情况都可以得出结论——物质和反物质有所不同。

1998 年，欧洲核子研究中心进行了一系列实验，发现反 K 介子转化成 K 介子的速度略快于其逆过程。从而证明，即使在基本粒子层面，相对时间矢量也存在一个固有的方向，因为你可以分辨出反 K 介子和 K 介子录像的播放方向：如果反 K 介子先耗光就是正放，而 K 介子先耗光那就是倒放。这意味着，如果开始时 K 介子和反 K 介子的量相同，最终 K 介子的余量会大一些。在 K 介子的短暂寿命中，这显得微不足道，显然这也远不足以解释宇宙中为什么会留存有如此巨量的物质。但是，这是一个原则上的证据，证明可以产生这样的不对称。

之所以能发现物质和反物质之间不对称的线索，这得感谢自然的馈赠。除了下夸克及其加重奇异版，我们现在知道自然并不仅限于此。正如我们在前面谈到的，正负电子对撞机进行的一系列实验显示在宇宙早期存在三“代”的夸克和三代类电子粒子及其配合的中微子。

当狄拉克方程的理念被进一步发展，科学家们考虑自然不仅仅使用一代而是三代，最终的结果显示物质和反物质不再需要是对称配对了。通过 K 介子和反 K 介子之间的不对称行为，我们已经得到了实验证据。近年来，更强有力的证据出现了，科学家发现，如果 K 介子和反 K 介子中的奇异夸克或者反夸克被替换成第三代夸克或反夸克——即底夸克，那么产生的底介子（称为 B 介子和反 B 介子）会出现更明显的不对称。这与理论预言一致，这证明三代夸克交织在宇宙中的存在使得物质和反物质能够产生不对称。它也给我们提供了一种方法来测试遥远的星系是由物质还是反物质构成的。这个测试只需要某个外星人向我们发出信号。

7.3 不要和反外星人握手

你正在靠近某个遥远星系中的一个星球，不确定它是由物质还是反物质构成，因此也不知道着陆是否安全。这个星球上居住着友好的外星人，你们之前已经通过电波沟通过了。他们高端智慧并且非常了解你，对物质和反物质的一切知识了若指掌。

当然，他们坚称自己是由物质构成的。毕竟，没人会习惯将自己的族群定义为“反”。我们怎么才能知道他们词典中的意思和我们的一致呢？通过什么问题才能准确无疑地确定他们的构成和我们一样，或者他们是反外星人？

如果物质和反物质永远是完美对称平衡的，我们就没有办法完成以上判断，要不然就只有赌一把——直接降落或者发射一个无人探测器观看它进入大气层或反大气层时发生的情况。[1] 不过，我们已经知道它们间存在不对称，虽然很微小，但确实存在而且可测量——通过一种电中性K介子的行为就能揭示这个真理。当这种K介子衰变时，会产生一个既非正电亦非负电的介子，同时还有一个单独的电子或者正电子。如果物质和反物质完美对立，这两种衰变也应该精确匹配，每种衰变的概率应该相同。但是实际上它们存在轻微的差异。

自然界中的K介子和反K介子总是配对存在的，其配对方式使得它们有时会迅速消亡，但是有时又会长时间存活。这两种情况有明

[1] 这些反外星人也许看起来很友好，但是如果物质块进入反物质大气层中还是会因湮灭而被摧毁掉。

显区别，被称为短寿命和长寿命配对。这两种配对都显示出了物质和反物质之间的不对称，只是长寿命配对的效应更明显，其衰变过程中放出正电子的概率略大于负电子：每统计 2 000 个事例，平均有 1 003 个事例发射正电子，997 个发射负电子。如此一来，现在我们终于有点事情和外星人交流了。

首先，我们需要识别 K 介子。和外星人交流名字和符号是没用的，因为外星人对于 K 介子的命名肯定和我们不同。但是我们可以通过公认的性质来识别它，那就是质量。K 介子的质量比质子或反质子的质量的一半略大，没有第二种粒子的质量在此范围内。所以我们可以告诉外星人：在他们的世界中，最简单的原子中心处有一个“原子核”，里面存在一个质量粒子，即氢原子中的质子（或反氢原子中的反质子），而我们希望识别的是一种质量比此质量粒子的一半略大的粒子。这样双方就可以定位 K 介子。

除了不带电的 K^0，另外还有 K^+ 和 K^-，分别带有正电荷和负电荷。因此还必须保证双方识别出的都是电中性的 K^0。我们必须告诉对方，我们将原子内部的聚拢属性称为“电荷”，而需要识别的 K^0 是没有电荷的。解决了这个问题之后，外星人应该会发现所识别的 K^0 有两个版本：一种寿命较短，另一种寿命相对较长。接下来我们会聚焦说明这个问题。

这里就到了关键时刻，在我们所处的物质世界中，长寿命 K 会衰变成一个介子和一个电子或正电子，而正电子衰变的概率略大。因此，我们要问问外星人：“在衰变过程中产生的两种对称的轻质粒子，

出现概率较大的那个和你们在普通原子中发现的相同，还是相反？”如果对方回答“相同”，那就是正电子。对面的外星人就是由反物质构成的，我们只能远观不可触碰；如果对方回答“相反”，那就是电子，此时可以确定大家都是由物质组成的，我们可以安全降落。

8
万事万物如何存在

/

8.1 反物质消失之谜

反物质引领着一个最大的谜题：为什么宇宙中占主导的不是反物质？现有科学认为，140 亿年前的大爆炸能量生成了完美平衡的物质和反物质。这种从辐射能到物质和反物质的转变并不是单向的；如果生成的物质和反物质随后相碰，会互相湮灭，而之前禁锢在其中的能量也会通过 γ 射线的方式释放出来。初期的宇宙就像一锅沸腾的熔浆，其中这种碰撞非常普遍，而新生的物体并不能生存太久。如果大爆炸产生的物质和反物质在初期是均等的，那么很快它们就会互相湮灭。

这给了我们另一种启示从而理解这个问题。谜团的重点并不在于为何反物质会消失，更多的是为何物质留存下来了？答案也许是，它们之间并非完美镜像对称的，相互有一些差异。

在最底层的晦涩难懂的物理世界中，我们知道它们存在微小差

异，但是基本的电子、质子和中子与它们的反粒子都表现出精确的匹配关系。即使存在不同，其差异也超出了我们测量的能力范围。它们的一切都如狄拉克的预言一样：普通物质中的粒子与它们的反粒子是完美对应的。

虽然反氢原子是现在研究最透彻的“反”物质簇团，但很多理论和实验都表明所有的原子元素都能以“反”形式存在。我们熟悉的元素周期表中罗列出了原子元素，它们的原子核由质子和中子构成，外围包围着电子；同样地，也可以有一个反元素周期表罗列出反原子元素，它们的反原子核由反质子和反中子构成，外面围绕着正电子。用于解释物质原子稳定性的量子力学定律，也同样适用于解释反物质原子稳定性。电荷符号反转了，但是同性相斥、异性相吸的定律还是一样的。

元素间复杂的互动形成了氨基酸、DNA 以及生命体，同样的这种互动也允许反元素间形成各种联合，比如反 DNA 甚至反生命。反物质化学与物质一样：各种形态的反星球和反物质都是可以实现的，和我们熟悉的支配宇宙的物质并无不同。在遥远的宇宙另一端，是否存在一些反星系，其中反物质构成的反行星围绕着反恒星运转，而它们也在等待着外星宇航员的到来。我们怎么能确定没有巨型的反物质存在于某个其他角落？

地球与宇宙中大部分星球都不同 [1]。我们内部元素的丰度与其他

---

[1] 例如，氢在地球上含量很低，但却是宇宙中最普遍的元素。太阳一类的恒星中主要物质就是氢，氢不停聚合从而慢慢形成重元素。如果你随机地从宇宙中选择一处空间，其体积直径大至数百万光年，统计其中的原子元素，就会发现碳、氮、氧、铁、银和金的含量微乎其微。

大多数星球都不同，那么自然有可能我们相对其他星球而言物质的正反也不同。所以，首先我们承认在附近不存在反物质，其次我们假设宇宙中其他角落甚至整个实体宇宙都是由物质构成的，反物质在宇宙中受到排斥。仰望天空，一个遥远恒星发出的光芒穿过浩瀚宇宙到达地球，看起来就像昏昏欲灭的烛光——这么遥远的星体我们如何得知它的成分？从地球上我们只能看到星光，而迄今为止我们还无法分辨这些光是从元素还是反元素中发出的，因此无法通过观察夜空中的星光来简单地分辨出恒星和反恒星。

人类早已登上了月球，也已经将机器人探测器送上了火星，没有发生湮灭，因此我们知道这个范围内没有反物质。整个太阳系都会受到太阳风袭击，这是一种由太阳发出的亚原子粒子流。如果太阳是反恒星，那么太阳风必然由反粒子组成。当太阳风到达星球表面时，反粒子和星球表面物质会发生湮灭，我们就能测量到湮灭发出的 γ 射线。但是我们没有测量到这种 γ 射线。

这也驳斥了那些认为彗星是反物质的理论。[①]如果一个反彗星穿过太阳风，湮灭放出的 γ 射线量将是惊人的，每一克湮灭释放出来的能量都相当于广岛原子弹威力的两倍。[②]乔托探测器（the Giotto Probe）已经成功地从哈雷彗星内部传出了图像。如果太阳系真的存在反彗星和反陨石，其含量也不会大于物质的量的十亿分之一。[③]

当恒星发生爆炸，各种碎片会在空间中乱飞，如果某个碎片被地球磁力捕获，它就会冲入大气层，这就是我们所谓的宇宙射线。考虑到正电子是在宇宙射线中发现的，而且宇宙射线中也发现了反质子，

人们自然就会想到这些反粒子可能是远处反恒星爆炸的残余碎片。但恰恰相反，事实是普通物质产生的高能宇宙射线轰击大气层顶部的空气，释放出来的能量形成了这些正电子和反质子。如果一颗反恒星发生爆炸，各种反元素碎片飞入宇宙空间，这是有可能的；但是其反元素或反核子不可能出现在如此遥远的地球大气层内的宇宙射线中。通过质谱分析卫星，研究者在大气层以外寻找射线中的反物质；而在南极上空的大气层边缘，一些浮空的探测气球也在做相同的工作。[④]但迄今为止没有任何发现，甚至没有发现诸如反氦这类极简单的反元素，反而发现了大量单独的正电子和反质子。

这些反元素是否在旅途中被摧毁了？虽然有这种可能，但没有证据可以证明。当正电子穿过星际介质，介质中的电子会与其发生湮灭，放出特殊的 γ 射线脉冲；同样地，反质子穿过时也会发生湮灭。星际空间接近真空，但绝非空无一物。因此，如果反物质要穿过数光年的距离，它早晚都会撞上某个物质，从而被发现。更何况天上还弥漫着数百万个星系，它们中的一些存在近程碰撞，这些力会作用到其内部的各个恒星上，效果如引力潮汐一样。如果任何一个碰撞星系是由反恒星组成的，那么在星系边缘就会出现特殊的 γ 射线脉冲，但同样地，我们迄今没有发现任何这种脉冲。

所有的迹象表明，发现的反物质都来自于普通物质之间碰撞产生的刹那焰火，比如宇宙射线与大气间的碰撞。在过去的 30 余年中，我们一直探测到银河系中心发射出的特殊 γ 射线，表明银河中心存在大片正电子云。2008 年，卫星上的 γ 射线望远镜“积累”（Integral）

发现这些正电子云处于 X 射线双子星区域。这些都是普通的恒星，只是正在被中子星或黑洞所慢慢侵蚀。这些衰亡恒星的周围存在大量气态材料，这些材料螺旋形地朝着侵蚀者前进，前进的过程中温度上升得极高，并产生成对的电子和正电子。[⑤]把视野放近一点，2002 年发生的一次大型太阳耀斑产生了大量高能粒子，它们与太阳表层的慢速粒子碰撞产生出正电子。估计产生的正电子足有半公斤的量；如果将这些正电子湮灭掉，释放出的能量足以保证整个英国两天的能源需求。[⑥]

所有的证据都表明，除了上述过程产生的短暂反粒子外，我们周围数亿光年范围之内的所有东西都是由物质构成的。这个范围当然已经非常大了，但是相对整个宇宙而言却只是一个微小的部分。还有很多未被探索的宇宙空间，在那里，反物质也许才是主宰。物质和反物质是不是被分成了不同的独立区域呢？

我们今天所见的宇宙，是大爆炸之初的火热产物冷却后形成的残体，而当物体冷却后，其性质也会发生改变：水冷却后变成雪花，金属冷却后变成磁体。与之类似，当宇宙冷却下来，就可能出现分离的物质和反物质区域。在大爆炸发生后的极短时间内，新生的宇宙可能只是一个辐射能量泡沫，物质和反物质不断生成继而湮灭。宇宙继续成长和冷却，直到它的热度不足以支持物质和反物质的生成—湮灭循环。从自然概率论上来讲，此时应该存在一些区域中物质稍微占优，而另一些区域中反物质稍微占优。随着宇宙继续冷却，在物质主宰的区域基本粒子相互胶连，使得恒星和元素开始出现，而反物质区域中则出现了反恒星。

虽然存在上述可能，但是大部分的宇宙模型都否认这种猜想。当今的主流思想认为整个的可见宇宙都是由物质组成的，反物质是被排斥的。在外太空中，平均每 5 立方米的空间内存在一个质子和 100 亿量子的辐射，并不存在反质子。我们通过理论知道的早期宇宙描述以及正负电子对撞机中得到的实验结果都证实：在大爆炸的高温余波中这些数量应该是 100 亿量子的辐射，加 100 亿个反质子，加一百亿零一个质子。推论认为，宇宙产生后马上就发生了一次大湮灭，而现在保留下来的物质宇宙正是来自于 100 亿中存活下来的那一个质子。今天所有的一切，都是某个庞然大物消失后剩下的一丝残片。

如果推论属实，那么在质子比反质子多几十亿分之一的这个平衡被建立起来之前，就一定已经发生过什么。在普通的物质和反物质之间，一定存在某种分别。想要探索这种分别是什么，并了解物质和反物质的不平衡最初从何而来，我们首先需要理解今天所谓的物质是如何从大爆炸中产生出来的。

8.2 重演大爆炸

地球上的物质不仅在宇宙范围内属于非典型，在整个宇宙物质数亿年的历史中也并不普遍。在地球上，物质由原子构成，原子中心原子核的电力将外围电子禁锢住。当温度升高，原子之间的碰撞变得激烈，而外围电子也会发生移位。当温度达到约 10 000 度，原子就无法再保持完整。其中的电子被释放出来，在带电粒子气中自由飞行，即所谓的“等离子体”。太阳中心的温度超过 100 万度，其中的氢原子被完全打破，形成独立的电子和质子气体，这就是上述的等离子体的情况。我们可以进行类似实验，将电子和质子束的能量升高到 100 万度对应的值，然后相互碰撞，看看会发生什么情况。最终证实，太阳实际上是一台巨型聚变装置，通过最底层的化学烹饪来持续工作。

实验发现，如果在更高的温度下，物质将呈现出更加新奇的形态。我们发现在所有的温度下电子都会保持稳定，而质子和中子则不能。无论在清凉的地球表面，还是在炽热的太阳中心，质子和中子都是夸克形成的簇团，通过胶子相联保持凝聚。当温度更高时，达到现有加速器可以模拟的极限温度时，核物质似乎融化了：温度达到 10 000 度时原子分解形成电等离子体，而温度达到约 1 000 万亿度时质子和中子会分解成“夸克胶子等离子体”。

今天的宇宙中已经没有如此高温的区域了，只有高能加速器内部粒子碰撞时能形成瞬间的这种状态。早在 50 多年前，质子加速器就已经可以制造出比太阳更高温的环境了；如今，我们已经可以模拟出大爆炸之后的瞬间余波环境了。这里反物质被证明是一种完美的工具，通过反质子和正电子的形式为我们提供了模拟大爆炸的可能。当质子轰击物质靶，靶内有大量的其他质子和中子，它携带的大部分能量都浪费在了材料散射上，只有小部分能用于产生新粒子。但是，将反粒子加速到接近光速，再与一束相似速度的对应粒子对撞，将会发生完全的湮灭，所有之前分别禁锢在双方内部的能量 $E=mc^2$ 都被释放了出来。

在第 6 章中，我们介绍过正负电子对撞机进行的实验，这些实验证明大爆炸确实产生了电子与正电子、夸克与反夸克，以及大量光子和胶子。这就是宇宙破晓期时的状态，当时温度可比今天的太阳还高数 10 亿度。随着宇宙继续生长冷却，这些基本粒子开始凝结，形成更加复杂的结构。3 个夸克相互胶连形成了我们所谓的质子和中子，而由它们形成的大型等离子体球就是恒星，其内部开始制造各种元素所需的基本源种。当温度进一步降低，达到我们常见的室温水平，此时这些核源种得以捕获经过的电子并形成原子,然后诞生了化学物质、生物以及生命。

在大爆炸之后的 140 亿年间，物质形成并不断发展，这个过程我们已经了解得比较深入了。但有趣的是，我们在研究物质的形成过程时，使用的主要工具是反质子和正电子这些反物质。如果宇宙中存在有大量的反质子和正电子,那么反恒星就会轻易地将它们吸引并俘获，然后在内部的大熔炉中将它们熔炼成各种反元素。各种迹象表明，最初反物质和物质是成对出现的；只是最终只有物质因为某种原因存活了下来。正负电子对撞机可以研究宇宙刚形成十亿分之一秒时的状态，但比这个时间点更早之前，宇宙形成后的瞬间，物质和反物质之间的某种不对称肯定就已经出现了。

8.3 中微子

第 7 章中我们讨论过，宇宙中的物质和反物质分为三代，且它们的不对称是一种本性。人们最初观察奇异粒子及后来的底层粒子时，没有发现不对称；随着数据的积累，清晰的现象出现了，表明夸克和反夸克不足以解释为何今天的宇宙中物质占绝对的数量优势。近年来，科学界将研究重点转向了轻子：它们与电子类似，可算电子的电中性姐妹，被称为中微子。夸克的三代理论也适用于轻子，而且轻子中也会呈现出物质和反物质的不对称性，至少理论上说是这样的。对于反物质消失的原因，当前的研究重点就集中在这里：初步怀疑问题就出在中微子上。

中微子是宇宙中最普遍存在的粒子之一，但同时也是最难发现的粒子之一。与我们现在得知的所有东西相比，它都显得微不足道。它不带电，质量极小，能够像子弹穿过雾团一样轻易穿透地球；它如鬼魅一般，因此虽然半个世纪前人类就发现了它，但至今仍对它知之甚少，远不如其他粒子那样理解深入。即使如此，近年来人们却开始越来越怀疑它就是解开宇宙中反物质消失谜团的关键所在。

中微子是物质还是反物质？它不带电，类似于光子或者 Z^0，但是与玻色子不同，玻色子既非物质亦非反物质，而中微子是一种费米子，这意味着它遵从狄拉克方程，并且一定具有物质正反。那么，天然的中微子和反中微子有什么不同呢？

中子和反中子可以通过内部构造中的夸克和反夸克来区分，但不同的是，中微子没有内部结构；中微子是一种鬼魅一般的带自旋的虚无体，以接近光速的速度在宇宙中穿行。自旋是它的唯一特性，但

这也足以用来确定它是物质还是反物质了。[1] 早在 50 多年前，科学家就利用这个方法区分出了中微子（物质）和反中微子（反物质）。但是近年来出现了一种诱人的想法：既然光子（和其他玻色子）既非物质亦非反物质，那么可能存在重型的中微子，既是物质也是反物质！如果在大爆炸中确实产生了这种奇葩，它的后代应该会不均匀地分布在我们今天所谓的物质和反物质中。

那么，中微子的身世究竟如何？

某些形式的辐射产生了中微子。当原子核内部的质子转换成中子，变化的能量会物质化生成一个正电子和一个中微子。整个过程中，电荷和费米子的净数保持守恒（这里的“净”表示物质费米子减去反物质费米子后的数目）。正电子保证了电荷守恒——起初质子有一个正电荷，最终正电子也是一个正电荷；而该过程中费米子净数的守恒则依赖于物质中微子平衡掉了反物质正电子。反过来，当中子衰变成质子，会放出一个电子和一个反中微子。

如果我们将一个中微子或反中微子轰击进物质，它们会以相反的过程被释放出来。一个中微子将中子转化成一个质子和一个电子；一个反中微子将质子转化成一个中子和一个正电子。

中微子具有自旋，类似于电子。我们之前提到过，电子拥有电荷，因此自旋时会形成一个小磁体；在电子飞行过程中其自旋方向可能有两种，即磁体北极或者南极会始终向前指向飞行方向。我们可以将这

[1] 量子理论认为，中微子可以瞬间变形成一个电子和一个 W^+，同样反中微子也可以相似地变形成一个正电子和一个 W^-。这本身应该是一个巧妙的办法来分辨出正反中微子，但是我们现在的实验能力还不能达到如此底层的观察。

个过程想象成类似一个螺旋钻，旋进方向可能左旋或者右旋。物理学术语对自旋的描述如下：我们称电子进行左自旋或右自旋；逆时针或顺时针。中微子不带电，所以没有磁性，但是左右自旋的可能性依然存在。

在过去15年间进行的最顶尖的实验中，发现中微子只进行左自旋，而反中微子只进行右自旋。就像时钟的镜像里指针的走向会反向——即逆时针，左自旋中微子的镜像也会变成右自旋。从镜子中看中微子，就能将其变成反中微子吗？要解答这个谜题，第一步需要问下面的问题：如果不依靠自旋方向，我们如何知道它是中微子还是反中微子呢？除非有其他的标记能识别出中微子是“粒子”而反中微子是“反粒子”，比如它被产生的过程中会释放出电子还是正电子，否则我们不可能分辨得出。

此时我们就需要关注一下我们所谓的“反粒子”是什么意思。我们了解的常见的物质，含有带负电的电子，以及带正电的质子。而带正电的电子称为正电子，带负电的质子就应该称为阴质子，它们本来应该是两种新的粒子；但当我们称它“反电子”和“反质子”，并聚焦于它们可以湮灭其反面粒子这种能力时，就出现了“反物质”的雏形。而之后的中微子更是一种我们的物质世界中完全陌生的粒子。它像幽灵一般穿行，几乎不留痕迹，物质完全无法禁锢住它。如果非要将中微子和反中微子看成物质和反物质，再通过它们与电子或正电子的亲疏关系来进行常规的定义，我们也许应该换一种思路：只存在一种中微子，当它左自旋时会偏好电子，而右自旋时则偏好正电子。

半个世纪以来，中微子一直被认为是没有质量的，并且以光速在空间中螺旋前进。然而，近 5 年人们发现这并不正确。传统的辐射以及太阳中心的聚变过程放出的中微子拥有一个很小的质量。这个质量极小，因此还没能测出其数值，但如果从亚原子的尺度看，一个电子的质量应该至少相当于 10 000 个中微子。

这个质量微不足道，但其意义却十分重大。爱因斯坦相对论认为，以光速运动的费米子会保持向左或向右的自旋；二者不能相互转换。带质量的粒子，包括我们现在知道的中微子，会进行左自旋或右自旋，在于其他粒子反应的过程中可能导致自旋方向交换。所以中微子也可能进行向左或向右的自旋，反中微子也一样。

幽灵般的中微子是否符合“左手物质，右手反物质”定律，或者它“同时”是物质和反物质？考虑到中微子及其反粒子并不是真正的确切物体，以上的问题仍然无法回答。狄拉克方程刚预示了物质和反物质存在之后，很快意大利理论学家埃托雷·马约拉纳就提出了这种可能性。自然界中“马约拉纳中微子”存在的可能性，一直是当今粒子物理领域最活跃的课题之一。其中一个原因是，它对于解释我们物质主导的宇宙的来源有着核心的意义。

假如中微子没有质量，它也会一样神秘，但是不会用于标准模型中对粒子和力进行一般描述。人们试图理解为何中微子会有如此微小的质量，相对电子和正电子而言几乎为零，但又不完全为零；而正是在这种试图理解的过程中产生了很多新奇的想法。一种比较靠谱的理论认为，除了已知的轻质中微子，还存在一些未被发现的重质的马约拉纳中微子。这些大家伙被人们称为“马约量子”。

如果情况属实，那么虽然今天我们还没有发现马约量子，但它在大爆炸的热浪中就已经和其他物质一起被创造出来了。对于现在的宇宙性质来说，这将会有惊人的含义。

如果马约量子已经绝迹了，现在的宇宙中就会含有其遗留物。根据理论，马约量子是一种有质量的中性费米子，能以“希格斯玻色子”的形式辐射出能量并转化成一个中微子或者反中微子。这个过程可以生成三类中微子中的任何一类，或者它们对应的反中微子，也不一定会按相同比例衰变成中微子和反中微子。这为马约量子攻击大湮灭启示论提供了一条路子，总算给我们留下了一点好处。下面我们就来看看是什么。

8.4　并不完美的启示录

大爆炸结束之初，宇宙非常炙热，马约量子应该一直处于热平衡状态——从大熔炉中不断被生成又不断衰变。然后宇宙很快就冷却下来，随着温度降低，能量会慢慢不足以制造新的马约量子，而那些衰变消失的马约量子就无法得到补充。马约量子慢慢绝迹，无法重现；只有其残留物保存了下来。作为消亡的马约量子的化石遗迹，中微子和反中微子的数量不平衡从这里就形成了。

这是关键的第一步，对于产生中微子非常重要，但是对于之后大块物质的产生有何作用呢？答案来自于之后的宇宙，此时温度继续

降低，直到夸克和反夸克、电子和正电子从能量中产生出来。之前描述的过程中，中微子或反中微子碰撞电子和正电子，会一直生成更多的夸克和反夸克。很快宇宙的温度就很低了，此时已经无法产生更多产物，一切准备就绪，大湮灭就要开始了。但是，让我们暂停一下，看看马约量子都做了什么。它的衰亡生成了不等量的中微子和反中微子；在随后的混乱中，中微子和反中微子形成的不对称混合物撞击了各种粒子和反粒子，导致出现的夸克数目超过了反夸克。

现在继续，大湮灭将反物质以及对应量的物质完全摧毁，只留下一道闪光。马约量子的后代形成了一个不均衡的宇宙，使得少量（约百亿分之一）的夸克保留了下来，而反夸克全部消失了。这些幸存者冷却下来，形成了由物质主宰的宇宙，其中质子保持稳定（至少在过去的 140 亿年是如此），而物质按我们所了解的方式存在着。

这是当今对于物质和反物质不对称来源的最好解释。实验物理学家们不断在欧洲核子研究中心的大型强子对撞机上开展新的实验，分析实验数据，以期找到马约量子的证据；同样地，宇宙射线中相关的研究也在进行着。然而，在他们成功之前，这仍然只是一个激动人心但未被证实的理论。有一点是很清楚的，那就是物质和反物质之间的不对称发生时，宇宙还非常年轻非常炙热，超出了我们现有实验条件能够达到的模拟范围。因此，不可能在实验室内通过重现当时的情况来将物质转化成反物质。要想将反物质用作能源，必须通过其他方案来解决。

9
揭　秘

/

9.1　反物质迷信

数十亿年前，能量凝结成了物质和反物质。在地球上，亿万年来这些能量一直被禁锢在物质中，直到人类科学家学会将其中的极小部分从化学试剂和铀原子核中释放出来。一些物质形式中的能量比较容易释放，另一些物质则较难；释放能量需要一种有效的导火索。而反物质是一种完美的导火索，只需接触就可以释放出任何物质中所有的能量。问题在于反物质很难获取，至少在地球周围非常难，所以在开发它的神奇潜力之前，我们首先需要获取它。此时我们就需要挣脱大自然的束缚了。

能量通过 $E=mc^2$ 来产生反物质的过程中，必须满足一个基本事实，即会同时产生等量的反物质和物质。如果产生的这些物质和反物质再次相遇，就会湮灭，之前的能量完全被释放出来——只要在产生过程中没有丝毫损耗的话。但是实际操作时会有很大一部分能量损耗，

而且即使我们能将这个过程非常高效地完成，我们最终获得的能量也不会大于注入的能量。这种限制不在于需要多少研究或者多先进的技术：它是自然界的本性。反物质要成为一种实用的能源，前提是我们能在某处找到大量的反物质，就像找到一块油田一样。

而反物质仍然大量存在的唯一线索就是 1908 年的通古斯爆炸——如果相信它来自于一大块反物质撞击大气层的话。因此，我们来看看到底这次事件留下了什么证据。

地球和其他行星围绕太阳公转，各自的圆形运转轨道相互之间远远分开；除此之外，还有很多的陨石块、彗星碎片，甚至一些小行星，它们的轨道与地球轨道可能出现交叉。彗星很可能是太阳系中最古老的成员，其成分包括砂石、冰块、深度冻结的氨和甲烷，而它们很多都来自于冥王星以外的深邃太空，我们基本感觉不到。如果某个彗星沿轨道逐渐接近太阳，太阳的热量就将汽化它的冰层。由此产生的气体和灰尘会反射太阳光，使得它们能通过望远镜被观察到，甚至偶尔直接用裸眼也能看到，中国古代称之为扫把星。其明亮的头部称为彗星头。彗星的中心通常包含有 1 ~ 2 颗直径 1 英里的岩石，而彗头通常比地球还大，可以覆盖超过 10 万英里的直径范围。从太阳中发出的高速粒子称为太阳风，它会将彗头中的某些灰尘粒子带起来，形成彗星长长的拖尾，这就是典型彗星的样子，被古人刺绣在巴耶奥克斯挂毯上，在历史上也被描绘在各类绘画中。

彗星碎片会形成环状岩石带，其中大部分都存在于火星和土星之间的带状区域内。另外的一些则会形成太阳周围的延长拖尾，地球

在公转轨道上每年都会穿过这些拖尾区域，此时碎石会撞击大气层，我们就能看到流星雨，比如每年 11 月 12 日左右的狮子座流星雨以及 8 月中旬的英仙座流星雨。有时，一些大的碎石会到达地面形成陨石。彗星中的大部分碎片会慢慢消散或者碰撞燃烧掉，但最大的那些碎片会持续运行更长的时间。这些熄灭的彗星头会形成一些小行星。很多这种小行星的运行轨道与地球轨道会发生交叉，而其本身岩石的直径最大可以达到 1 英里。

地球大约每 1 亿年就会遭遇一次大灾难。现在人们相信，恐龙之所以在 6 500 万年前灭绝，源于当时一块曼哈顿城区大小的小行星撞上了地球。这颗小行星以约 40 公里每秒的速度接近地球，然后撞进大气层并发生燃烧，咆哮着撞上地面，地点大约在今天的尤卡坦半岛北部，它留下很多遗迹，如现在的希克苏鲁伯陨石坑。

这个陨石坑很有代表性，但并非独一无二。尺寸超过 1 公里的碰撞陨石坑像烧饼上的芝麻一样遍布在地球上。亚利桑那州著名的陨石坑直径超过 1 英里，周长超过 3 公里，它的形成源于 3 万年前一块油箱大小的岩石撞击地球。因此，地球在历史上一直有陨石撞击，证据遍布全球，那为什么通古斯爆炸会被特别的关注，认为它是反物质轰击地球的结果呢？

最显著的特点在于，如果没有目击者证明以及全球范围内记录到的地震活动和大气层扰动，或者换句话说，如果这个事件发生在更久远的时代，现在就不会留下任何永久性的记录来显示当时发生的事情。没有留下陨石坑，没有留下外太空的陨石材料；无论这个入侵者

是什么，都完全消失在了空气中。这就是为何通古斯爆炸疑点重重，所有的现象都隐约显示是反物质撞上了地球，在大气层中发生了湮灭。在本书前面的章节中介绍过，太阳系中的反物质彗星最多能占到太阳系总量的十亿分之一，所以通古斯爆炸来源于反陨石轰击的概率非常小。但是小概率并不能证明绝对不会发生，因此我们需要提供更多的证据。既然刑侦科学能够在犯罪现场找到凶手的蛛丝马迹，那么也许能还原出一个世纪前通古斯爆炸中的很多细节。

通古斯爆炸是由于反物质撞击这种可能性，并没能像《走进科学》栏目的节目分析那样顺利得到解密。科学家们认真评估了支持和反对两方面的证据，还使用了很多反物质实验获取到的大量实验数据，比如欧洲核子研究中心的数据。[①]

这些实验表明，当反质子和物质发生湮灭时会放出大量的 γ 射线和介子。除了这些主要结论之外，还发现了另外的一些重要的次级效应，即这些 γ 射线和介子轰击周围的材料时又会放出大量中子。因此，如果反物质在大气层中湮灭，周围的森林会受到强中子束流的轰击，这会导致树木中生成大量的放射性核素碳-14。通过研究树的年轮就可以知道每年有多少碳-14 生成。科学家研究发现，通古斯地区的树木年轮在 1908 年并未出现异常，这就与反物质撞击假说相悖。

现在的主流结论认为，这次碰撞是源于一块彗星碎片。在彗星尾部有一个灰尘拖尾，反向指向太阳，当它早晨撞进大气层时，这个拖尾会指向西北方向，这就解释了爆炸发生后一周内在俄罗斯和西欧的夜空中出现的异常冷光，以及为什么会在美国以东消失。

致盲附近的农夫并熔化银器的辐射闪光也同样来自于彗星爆炸。初步估计，这次爆炸释放出来的能量与一次核爆相当，但空气中强大的化学爆炸会产生强烈的振动波，这些振动波到达物体后会像微波炉一样加热物体，产生通古斯地区出现的那些效应。彗星中的化学物质一旦释放，会与空气反应并继续产生能量。最终产生巨量的热和强烈的闪光，导致了农夫所经历的那些灾难时刻。破坏主要来自于冲击波，吹倒树木、引起大火、杀死动物。这次彗星爆炸应该是在大气层中就耗尽了所有能量，因此没有在地表留下残骸。产生的光、灰尘、地震都符合彗星假说：一颗彗星撞上了大气层，并在远离地表的上空熔化爆炸了。

在地球历史上，这种事件应该是屡见不鲜的，只是由于没有目击者，所以未能留下证据。我们今天能了解的只有那些真正的大家伙，它们在大气层中下落爆炸，并最终到达地球表面留下了陨石作为永久证据。通古斯爆炸威力看似惊人，但在世界历史的长河中却相对渺小。外太空中有很多彗星，偶尔我们就会撞上一颗。这种事情过去发生过，以后也还会发生。通古斯事件本身非常具有戏剧性，但是这幕大戏并不来源于生活，反物质陨石并没有在100年前的那个盛夏撞上地球，实际上也永远不会。

9.2 反物质的威力

我们会看到花草生长，但不会看到空气中的碳和氧是如何被吸收变成叶子的；我吃下的面包会神奇地变成我，而你吃下的则变成是你，

这源于分子排列方式不同；所有的一切都是原子在控制，而我们这种宏观体只能看到最终的宏观产物。原子作用过程中，能量被释放出来。你几小时前吃的食物被你的身体吸收，然后再被排出，这个过程产生了维持生命的能量，保持你的身体温暖。体温是化学反应的结果，是爱因斯坦方程 $E=mc^2$ 的作用。随着食物的消化吸收，其中一小部分质量（m）消失了，转化成了能量（E），而转化比等于光速的平方（c^2）。人体摄入的食物和排出的废物总量之间的差别很小，如果用分数来表示的话完全微不足道，大约 1 千克会相差十亿分之一，即 1 微克。要精确测量这个量，需要考虑每一滴汗水、每次我们触摸的物体留下的 DNA 等每个细节。这是不可能完成的任务。

质量的十亿分之一转化成了能量，这是一切化学反应、生物和生命的根源。这同样是火药以及其他一切化学炸药的能量来源。这些过程主要基于原子外围的电子。但是，更巨大的能量实际上储存在原子核中。原子间发生反应时，原子核中释放出来的能量比电子释放的能量高 1 000 万倍。

比较而言，化学反应只能将物质内部能量的十亿分之一释放出来，而核反应最大则可以释放出百分之一。如果我们可以将更大部分的物质转化成能量，那么我们的野心也会相应地膨胀。原则上说，我们可以将整个物质内部的 mc^2 能量全部释放出来——反物质就能做到这一点。

化学能之所以明显，是因为虽然单独的原子放出的能量微不足道，但是原子的数目众多，每克物质中通常含有高达 10^{24} 个原子，其中的每一个原子都在参与反应。核反应过程也需要大量的铀矿石，通常从地下开采再经过处理得到；数十亿年前自然将能量禁锢在其中，今天我们可以从亿万原子中释放出百分之一来。如果想用反物质来释放能量，则完全不可行，就我们所知，所有的反物质都在 140 亿年前消失了。如果你想使用反物质，就得一个粒子一个粒子地制造，这个过程将非常漫长而低效。自然界有一个基本定律：任何过程都满足总能量守恒，但是可用的能量会越来越少——因为摩擦和其他通常的损耗。因此，由于这些损失的存在，结果会导致制造反物质所需要的能量比之后湮灭时放出的能量要多。

9.3 大块反物质

假如我们需要几公斤反物质——不管是像丹·布朗（Dan Brown）的小说《天使与魔鬼》（*Angles and Demons*）里写的一样用来轰炸梵蒂冈，[②]还是用来作为燃料进行星际迷航（Star Trek），又或者是用作能源——我们面临的问题不仅是如何生产和储存反物质，还有应该制造哪种反物质。不需要特别的易燃易爆化学品，比如反 TNT 或反苯；释放能量主要靠湮灭，而最简单的反物质就能做到。我们首先必须制造出反粒子和反原子，接下来想办法将它们储存起来。此时科幻小说已经不行了，自然的现实开始打破我们的美梦。要产生 1 克反质子，需要大约 1 亿亿亿个粒子；而如果要产生 1 克正电子，需要的数目还要大 2 000 倍。这个数目极其巨大，形象地说，自 1955 年首次发现反质子以来，欧洲核子研究中心的低能反质子环及费米实

验室相似的装置中总共产生的反物质的量还不足百万分之一克。如果我们能将所有的这些反物质收集起来，然后与物质发生湮灭，产生的能量只够供一只普通的灯泡点亮几分钟。而相比之下，制造这些反物质所消耗的能量则足以点亮整个纽约时代广场或伦敦皮卡迪利广场。

以现在的生产效率，要生产 1 克反物质需要 1 000 万年。当然，现有的装置都是设计用来制造特殊实验所需的反物质束流的，并非用来储存大量反物质。但即使我们设计出一台特殊的装置能生产大量反物质，要将生产周期从上千万年缩短到几周也还路漫漫其修远兮。即使你生产出来了，储存也是个大问题。

首先你需要一个巨大的真空容器，其中包含电场和磁场。有个好消息是我们已经掌握了储存的技术，也曾成功的在潘宁陷阱中将反粒子储存了数周之久。然而，当大量带电粒子聚集在一个小体积内时就会出现问题，这限制了容器内储存粒子的数目。带同种电荷的粒子间会互相排斥，这是无法抗拒的自然定律，所以生产的粒子越多，就越难将它们束缚在磁场容器内。现在人类最多能储存 100 万个反质子，这个数目听起来很大，但实际上只有 10^{18} 分之一克。漏洞百出的反粒子容器显然不足以用来储存这个超级破坏王。

要避免以上问题，一种办法是将反质子和正电子混合，形成反氢原子。正电子带正电，反质子带负电，二者相互抵消，因此不会出现电荷过剩的问题。我们的身体中含有数十亿个原子，原子内部的正负电荷平衡，因此我们整体不会感觉到体内的电荷活动。反物质也是如此。但却又有一个很大的问题。电磁容器中的磁场和电场就像绳索

和墙壁一样，形成了一个监狱，只能将带电物质像囚犯一般禁锢住。如果这些囚犯相互配对，那么各自的电荷就会抵消，电磁场对它们的禁锢就会神奇地消失掉；如果还想将这些物体束缚在电磁容器中，就需要容器和物体之间存在另一些残余力。反氢原子是电中性的，不受电磁场影响，很快就会在容器内自由飞翔，最终逃出容器，然后遇上物质，早早地就被湮灭摧毁了。

在某些情况下，物体内部的电荷效应也会表现出来。最明显的是磁性，物体内部电荷的运动会产生磁效应；虽然总的正负电荷会相互抵消，但电子的净运动会像长征中的红军队伍一样，每个人都走一小步，但是各自的磁性会叠加起来。反物质也有相似情况。我们的物质世界中铁可以作为磁体，那么反物质世界中的反铁也可以作为磁体。然而，正如容器内部大量的同性带电粒子会对抗容器的电场力，它们的磁效应也会干扰容器内的磁场。通过空间中快速变化的磁场有可能将少量反氢原子束缚住，此时正电子和反质子的不同磁矩会保持原子稳定，但迄今为止科学家仍然未能完成这个工作，即使是很少几个原子也不行。

另一种可能是借助正电子素原子，它包含一个正电子和一个电子。近年来，引起美国军方的高度关注。[③]这里面临的问题不仅是和反氢一样的原子电中性，还面临着其内部成分会相互摧毁的问题。正电子素原子的寿命不足千分之一秒，如果想用它作为火星飞船的燃料，这个寿命时间就太短了。无论如何，美国空军仍然投入了大量财力进行研究。他们到底想干什么？现在是时候来解密一下关于反物质的种种谣言和实质了。

9.4 炫酷的反物质炸弹

第 1 章中我们曾提到，有报道称美国空军正在研发反物质武器。现在我们对反物质有了更多的了解，明白反物质既无法作为武器也不能作为能源，原因很简单：我们无法聚集足够高能量密度的反物质。得益于能量和反物质之间转化的低效率，我们更毋须担心它会被用于军事用途。例如，假设需要 1 克反物质。[1] 以现在的科技，每年能生产 1 纳克（十亿分之一克）的反物质，④耗费的财力约数千万美元。很明显，制造 1 克需要几亿年时间，耗费超过 1 000 万亿美元。即使对美国军方而言，这代价似乎也有点太大了。

除了生产中的经费和技术问题，储存也是一个大问题。正如我们之前谈到的，“同性电荷相斥”，所以要储存 1 克纯反质子或者纯正电子，你必须建造一个强大的力场。这个力场非常强，以至于当你干扰它，其内部带电粒子就会飞散，随之产生的爆炸力甚至超过了湮灭。如果你想制造炸弹，我建议你还是别考虑反物质了，不如考虑一下储存反物质用了什么技术；这样你就不必再考虑反物质相关的问题、成本，可以避开很多不实际的想法。

那么，对于肯尼斯·爱德华在 2004 年的演讲激起了美国空军对于反物质武器的研究兴趣这件事，⑤我们该作何理解呢？

爱德华演讲结束后，新闻记者联系了埃格林空军基地，最初得

[1] 这个量湮灭时放出的能量相当于一个小型原子弹，参见附录 1。

到了非常积极的响应。2004 年 8 月，埃格林军需理事会的雷克斯·斯文森（Rex Swenson）证实了军部“对这项技术非常感兴趣”。斯文森表示会尽快安排媒体对爱德华进行专访。但不到一个月之后，他受到了空军和五角大楼方面的压力。根据《旧金山纪事报》的报道，爱德华一直拒绝接受采访，理由是来自上级的严格管控。官方的回答非常强硬，“我们还没到非得接受公开采访的时候”。阴谋论者认为，这就是军方在完成“大杀器”之前试图压制消息的“证据”。实际上的解释没那么复杂：根本就没有反物质武器；这个计划本来就是空谈。

虽然爱德华在 2004 年的谈话中表示美国空军没有开发反物质武器，但他们确实资助了一个关于反质子的小项目，这个项目非常公开透明，由宾夕法尼亚州立大学承担。我对这个项目非常了解，因为多年前我曾在欧洲核子研究中心参与评估低能反质子环上关于反质子的实验计划。这个项目中有一位科学家是杰拉德·史密斯 (Gerald Smith)，他曾经是宾州大学物理系主席。我注意到他的名字出现在了爱德华的报告中。史密斯博士从宾州大学退休后，于 2001 年在新墨西哥州的圣塔菲创立了“正电子研究室”。正如名字所示，其研究重点从反质子转移到了正电子，因为正电子更加容易获得。他们宣称其应用范围包括能量储存、化学破坏、生物处理、核医学和相关领域。

2004 年，记者采访了史密斯，他证实空军曾提供了超过 300 万美元来支持他的项目组的研究。然而，没有任何证据，甚至没有严格一点的推理能够证明可以制造或储存大量的反物质，甚至这个量还不能达到作为能量源所需的最小值。欧洲核子研究中心的罗尔夫·兰度

（Rolf Landua）是反物质研究方面的顶尖专家之一，他反对那些不着边际的说法，"在原子弹被制造和引爆之前，科学家早就意识到它的可行性；而公众直到最后一刻才完全被震惊了。但是，反物质炸弹完全是那些好事之徒的想象，我们早就知道那根本不可行"。

9.5　反物质：勇往直前

制造和储存反物质面临十分巨大的挑战，但是人们依然满怀信心地研究将其作为宇宙飞船燃料的可能性。这个想法是，反物质在湮灭时会发出 γ 射线，其入射到推进剂上将后者加热到极高的温度，然后从火箭尾部喷射出来；或者它们会将推进剂表面的碳化硅物质汽化，生成的气体排出形成推进力。与传统的化学燃料相比，其优势在于质量中蕴含的巨大潜能。卡西尼—惠更斯号土星探测器中，燃料和氧化剂舱就占了一半多的质量，而发射它的运载火箭比探测器本身还要重 180 倍。在对于反物质的宣传中，有人宣称如果要发射一艘人造飞船去火星，需要 3 吨重的化学推进剂，而换成反物质燃料的话则只需不到百分之一克，和一粒米质量相当。

但是，宣传中却很少提到储存这些反物质所需要的设备有多重。大量的反质子或正电子，意味着电荷的大量聚集，必须予以考虑。仅仅储存火星飞船所需量的百万分之一，就需要在燃料舱壁上施加数吨的电磁力。虽然有诸多问题，但这的确是 NASA 的太空飞船构想，也是美国空军曾经的微型战斗机研发方向。

9 揭 秘

20 世纪 90 年代，杰拉德·史密斯在宾州大学的团队一直致力于在低能反质子环上进行反质子研究。1997 年，他们的研究方向转移到产生、捕获和运输反物质以用作火箭燃料。在一篇文章中，[6]他们概述了一种可能的发展计划，它可以处理足量反质子。其中还包括他们设计的一种捕集器，可以将多达十亿个反质子维持 10 天之久，他们宣称“还只是一个原型机……最终成型的捕集器可以将 10^{14} 个反质子维持高达 120 天，正好相当于往返火星的时间”。他们称“有信心达到这一目标”。他们的策略是按比例逐步达到这个水平（虽然文章中也稍微提到这“并不容易”），然后使用上千个这种捕集器来运输燃料。

这个计划看起来更像是一个管理计划，用来策划如何达到某个目的，而不像是一种新科技的可行的技术路线图。过了 10 年，没有任何成果，欧洲核子研究中心上也没有进行任何类似的工作。迄今为止，储存的反质子最大的量只有 100 万个，而当前的研究重点聚焦在使用少量的反质子进行精确的测量方面。

相比反质子，正电子更轻但更容易获取。20 世纪 50 年代，德国火箭工程师厄耿·桑格（Eugene Sanger）提出了一种光子火箭的概念，即使用正负电子湮灭时放出的 γ 射线来推进。这个想法为科幻作品提供了很多灵感，但从未投入研发，其中的部分原因就在于很难制造和储存足量的正电子。然而，受到 3 位分别来自德国和美国的物理学家提出的理论的启发，史密斯博士现在正在研究将正电子作为能源。

近年来，在他位于圣塔菲的正电子研究所中，史密斯博士将

正电子嵌入了正电子素原子中，从而可以不引入反质子就中和掉正电子的电荷。这些正电子素原子通常只能存活一微秒，但是阿克曼（Ackermann）、谢尔特（Shertzer）和施梅尔策（Schmelcher）预测[7]某种特殊的电场和磁场结构可以将正电子素拉伸成哑铃形，从而大大延长其寿命。根据史密斯博士所说，这种观点意味着“[被拉伸的]正电子素的寿命[可以实现]无限长”。[8]

在这种观点被证明之前，我们都不能高兴得太早。不过，这个理论清晰明了，并指出电场和磁场可以拉伸正电子素原子。电场趋于将电子和正电子拉开，而磁场又会使它们保持原位。在这种情况下，它们之间的距离会是普通原子中的数千倍，相互之间发生碰撞湮灭的可能性大大降低了。

迄今为止，这个理论发展得还不错。但我个人认为，即使将来有一天人们在少量的正电子素原子中实现了这种拉伸，但对于作为能源所需的数万亿电子和正电子而言，意义并不大。要将巨量的正电子素拉伸，需要足够强力的电场和磁场以维持独立的正负电荷云团。我们兜了一圈又遇到了所有方案遇到的相同问题：如何容纳下作为能源所需的大量电荷？如果不能解决这个问题，拉伸正电子素就一无是处。

同时，美国空军的反物质战机计划也由一群年轻人在进行着。埃格林空军基地的一份研究计划中将设计这种战机所面临的挑战总结如下[9]：

正电子能量转换将会被用于反物质湮灭能量，这将提供给战机推进和攻击的能力。埃克林空军基地对这个原型机提出了以下的性能特点要求。战机的翼展不能超过 3 英尺；具有巡航能力，可以空中悬停；为满足攻击需求，战机需要能发射彩弹以模拟攻击。

一言以蔽之，你可以发现美国空军希望开发反物质能源和武器的野心昭然若揭。

一个后勤保障官，和五角大楼权力核心毫不沾边，为什么他的演讲会让世界舆论一片哗然——相信反物质武器已经迫在眉睫？爱德华的演讲以及媒体简报继续推波助澜,称这种武器完全没有放射性残留。丹·布朗的小说《天使与恶魔》此时才开始被公众所意识到，成为畅销小说。他的书中将反物质炸弹描述为“没有污染也没有放射性”。那些简单的假设居然支撑起了布朗的科幻作品，而更糟糕的是美国空军发言人和媒体的推波助澜，最终三人成虎，假的也被说成了像真的一样。

9.6 反物质：从科幻到现实

很多人之前可能从来没有听说过欧洲核子研究中心。一些人知道它是万维网的发源地，但是他们中少有人知道欧洲核子研究中心的主要工作，其实它是欧洲粒子物理实验中心。然而，随着丹·布朗的小说风靡全球，欧洲核子研究中心现在成了一个处于日内瓦的有名的反物质制造实验室。对于欧洲核子研究中心的这两个描述没有问题，但小说中其他大部分内容都是虚构的，这些虚构的情节在很大程度上误导了大众对反物质的理解。

布朗的小说中，开篇序言就使用了一个大大的标题“真相”。其中写道“反物质不会产生任何污染或者辐射……极不稳定，会烧毁任何它所接触到的东西……1 克反物质所蕴含的能量就相当于一颗 20 000 吨当量的原子弹。”之后就谈到美国空军的计划。文中将欧洲核子研究中心描述成创造出了“最近……第一个反物质粒子”，然后大幕揭开，开始讨论“这种高度敏感的东西会拯救世界还是……会被用于制造有史以来最危险的武器”。如果你看过本书之前的内容，对这些问题应该有自己的答案了。

这些“真相”不仅误导了大家，甚至根本就是无稽之谈，但是布朗小说的忠实读者们可不这么认为。正如我们所知，反粒子在 80 年前就被制造出来了；近 10 年来在欧洲核子研究中心上更是已经合成了少量的反氢原子；要将大量的反原子组合起来形成宏观可见的反物质块，即使不考虑如何储存，现在的技术也达不到，而且在可预见的将来仍然不能达到。但是，在过去的 5 年间，我每次作报告之后都会有人提问表示担心反物质武器。我估计这些谣言不可能消失，就像阿拉伯魔瓶中放出的妖怪不会再甘心回到魔瓶中一样，但我希望通过这一章的讲解使得人们知道这个问题已经不必再问了。

在《天使与恶魔》中，一位科学家报告给教皇一个“好消息”，他们在实验中制造出了反物质，可与当年的盘古开天辟地相媲美，而实际上反物质的发现已经有好几十年了。无论小说中或者实际上宇宙源于何物，它都与欧洲核子研究中心创造出来的物质不同。宇宙并非“无中生有……事实证明创世纪是一种科学上的可能”。[10]这最多是

一种哄骗式神学，并不是科学。

大爆炸创造出了所有的能量、物质，以及我们所知的整个宇宙，包括其中的空间和时间。其中的奥妙我们还无法理解。[1] 我们无法还原大爆炸这个神奇事件，但是我们可以研究之后发生的事情，这些事情最终形成了我们现在的宇宙。

大量的能量转化成了物质和反物质。能量是一种存在；它可以被度量——当你使用能量之后，能源公司就会找你收费。当你创造出一对物质和反物质时，所注入的能量等于二者湮灭时放出的能量。你不可能凭空得到物质。如果将这个过程倒过来，当物质遇到反物质，就会湮灭变成放射能。这些能量可是实实在在的，在《天使与恶魔》中爆炸产生的能量会用于摧毁梵蒂冈。为了证明反物质的威力，男主角被邀请参观欧洲核子研究中心的一个实验室，其中的反物质悬浮在一个真空瓶中，接着科学家操控使得反物质与物质相遇，演示了可产生的破坏力。

这时候，一些美国军方人士似乎将这种虚构的工作采纳成为了反物质的实际研究指南，而忽视了其中的诸多矛盾。该书的序言中将反物质描述为完美的能源，“不会产生任何污染或者辐射，一小滴就足够提供给纽约市一整天的能源”。只要不碰到物质，反物质也许不会放出辐射，但同时也就无法满足炸弹专家和电力公司的需求。要引爆这个“火爆”的家伙，你需要将它与物质发生湮灭，此时会以辐射的形式放出其

[1] 我在另一本书中试图对其进行解释，《虚空》（The Void），牛津大学出版社，2007。（中文版将由重庆大学出版社于 2016 年出版。）

蕴含的能量，比如 γ 射线。在书中描述实验室的演示时，也承认了辐射的存在，因为科学家要求男主角不要直视样品，并“遮住眼睛”。⑪实际上 γ 射线并不属于可见光范围，因此根本看不见，但它会导致严重的细胞损伤，所以其实更应该将身体的其他部位防护起来。

既然告诉了别人需要防护 γ 射线，又宣称“没有副产品，没有辐射，没有污染”，⑫这看来是多么可笑。美国空军对此却极有兴趣，一直推动着将反物质作为武器，宣称其“没有核残留”。媒体也报道称“在冷战期间，军方就梦想有一种‘洁净’的超级炸弹，而正电子炸弹朝这个终极梦想迈出了一大步”。⑬这并不是《天使与恶魔》中的原文，只是一些神秘的故事，写于 2000 年，在 2004 年发表时说得就像真的一样。

媒体报道中提到了正电子武器；而这种武器在《天使与恶魔》中是如何描述的呢？验证装置⑭是由正电子构成的；而后来的量产装置似乎是由反氢构成。[1]

虽然对反氢的兴趣灵感来源于欧洲核子研究中心的反质子减速器（Antiproton Decelerator），但书中将反质子减速器描述成“一台高级的反物质生产装置，可以产生大量的反物质”，而实际上反质子减速器只能产生比低能反质子环还少量的反质子。反质子减速器可算反物质科学和反氢制造水平上的一个主要的里程碑，它十分精妙，但是如果想产生出工业级的反物质的量，反质子减速器的作用还微不足道。即使它变成可能，反物质科技可以“拯救地球”⑮这种观点也似

[1]“其化学性能与纯氢相同”，《天使与恶魔》第 156 页，布朗，2001，柯基出版社。

是而非。不仅在第一步我们就要耗尽能量来产生反物质，而且正如之前所说的，很多能量都在这个过程中被浪费掉了。反粒子产生时速度接近光速，因此要驯服它们还需要更多的能量。制备和储存过程中很多反粒子遗失了，因此生产它们所耗费的能量也就永远流失了。

如果我们找到了大量的反物质，其中蕴含的能量来自于自然的馈赠，那么我们现在就可以使用它，现在的能源问题也许就能得到根本解决。但是，如果我们必须自己来制造反物质，那基本上就是在造一块电池，而其最终释放出的能量比起初输入的能量还低。非常抱歉，反物质并不是“拯救地球”的万应灵药。同时幸运的是，它也不是“最致命的武器”。

9.7 反物质工厂

在宏观利用层面，反物质不太可能产生大量的能量，所以能源公司对它不感冒。但是在次原子领域，反物质的湮灭可以用于药物、技术以及基础科学研究。当两束粒子以接近光速对撞并湮灭，释放的总能量很小，但在比原子核还小的这么一个空间内其能量密度就显得十分巨大了。

所有的文明都对物质起源有过思考，都试图理解无中生有这个谜题。我们现在还不知道为什么大爆炸会发生，但它的能量诞生了我们所知的一切东西。反物质束流，首先是反质子，其次是正电子，它们帮助我们在实验室中模拟早期宇宙的状况，从而开始理解那些十亿

分之一秒之后所发生的事情。这是一项人类智慧的惊人成果：一系列原子聚集在一起从而具有了思考能力，然后开始窥探这个诞生我们的宇宙，并建立起各种装置以重现大爆炸中万物的起源。是反物质使得所有的一切变为可能。现实的灵感如此美妙，谁还需要虚构呢？

附　录

/

附录 1　反物质的代价

书中我多次提到，想做什么事情你需要这样或那样多的反物质。考虑到有人对这个量感兴趣，我将这些量汇总了一下，大家喜欢的话可以做些计算。

首先，反物质是如何与广岛原子弹对应起来的：1 克反物质真的可以达到 2 万吨当量吗？实际上，还不止这个数。

“1 千吨 TNT”等于 4 万亿（4.2×10^{12}）焦耳（4“垓焦”）。焦耳是能量的单位，与质量和速度的平方成正比；1 千克物体按 1 米每秒的速度移动时，其动能就是 1 焦耳。

1 克等于 1 千克的 1/1 000：10^{-3} 千克。光速为 300 000 公里每秒，或 3×10^{8} 米 / 秒。根据 $E=mc^2$,1 克的能量 $E=10^{-3}\times9\times10^{16}\,\mathrm{kgm^2/s^2}=9\times10^{13}$ 焦，或者 90“垓焦”。1 千吨 TNT 对应 4.2 垓焦，那么 90 垓焦就对应 21.4 千吨，2.14 万吨当量。1 克反物质中就储存了这么多

能量，而相似地 1 克物质中也会储存相等的能量，所以只需要半克的反物质就可以达到广岛原子弹一样的摧毁力。但是这个假设是基于你能够一次性将所有的能量释放出来。在你克服千难万险，将反物质制造并储存起来之后，仍然有可能原子之间无法发生湮灭，使得爆炸失败。

关于反物质的另一个问题是，制造 1 克需要花多长时间，或者 1 纳克（ng），十亿分之一克呢？

1 克反质子的数量是 6×10^{23} 个，而 1 克正电子的数量是 10^{26} 个。世界上现有最强的反质子源位于美国的费米实验室。他们的记录是在 2007 年的 6 月花了一个多月的时间生产了 10^{14} 个反质子。如果他们保持这种速度，一年可以生产大约 10^{15} 个，相当 1.5 纳克，十亿分之一点五克。如果我们能将这些反质子储存起来，并与 1.5 纳克的物质发生湮灭，放出的总能量大约为 270 焦耳，只能维持一颗小灯泡点亮大约 5 秒。

欧洲核子研究中心的反质子减速器每秒可产生约 4 万个反质子，一年大约 10^{13} 个。这个量只相当于费米实验室的百分之一。但是它们的目的不同，欧洲核子研究中心产生的反质子更冷，专门为禁锢而设计，然后俘获正电子形成反氢原子。这个产额最终有可能升高 10 倍，或者在最极端条件下升高 100 倍，但即使如此，全世界的反质子年产量也只有 3 纳克。将人类有史以来制造的所有反质子全部算上，总共也只能把那个小灯泡点亮几分钟。但这也是不可能实现的，因为这些反质子很久之前就消亡了；真正储存下来的反质子数量比总量小得多。

在德国的达姆斯塔特正在建造一个新的物理装置，建成后其产能可与费米实验室匹敌。即使将这些装置也算上，总产量也还远低于那些希望将反质子作为宇航燃料的人的期望值。

至于反氢这种反质子和正电子的聚合物，欧洲核子研究中心中每秒可以合成几百个反氢原子。要得到 1 纳克需要 10 万年。如果想要充满一个儿童气球，需要的量不足 1 克，但是需要的时间比宇宙现有的寿命都还要长。

附录 2 狄拉克密码

狄拉克希望将电子的能量表示为两个部分：静止能量 mc^2 和运动能量。运动能量通常表示为 pc，其中，p 表示动量、c 表示光速。这个理论本身对于本书没有什么意义，但如果你要与其他书中的描述进行对比，就需要将这个理论讨论一下。爱因斯坦已经证明三者符合毕达哥拉斯的勾股定理：

$$E^2=(mc^2)^2+(pc)^2$$

狄拉克想做的不是简单地将能量 E 表示为等式的平方根，而是要将 E 表示为某种形式的 mc^2 和某种形式的 pc 之间的简单加和，同时不带有任何其他形式。他所需要解决的问题就是要找到这两个“某种形式”。

这似乎是一个不可能的任务，我们可以简单举例来看：假设有一个直角三角形，三边满足比例 3:4:5，分别代表 mc^2、pc 和 E。对它

们平方，得到 9 和 16 相加等于 25。狄拉克试图将能量“5”表示成其他两个项——某种形式的“3”和“4”的和，然后对等式平方得到爱因斯坦的勾股关系：25=9+16。

我们将这种未知形式的“4”和“3”分别称为 a 和 b。所以面临的挑战就是如何表示

$$5=4a+3b \tag{1}$$

然后对等式两边平方

$$25=16a^2+9b^2+12a\times b+12b\times a \tag{2}$$

并且匹配爱因斯坦的等式

$$25=16+9 \tag{3}$$

以上方程组求解，得到 $a^2=1;b^2=1$ 并且 $a\times b+b\times a=0$，这马上就出现了问题：没有哪两个数的平方等于 1 而乘积等于 0！这种问题并非我们选择 3、4 和 5 才会出现；无论你选择什么数字匹配 mc^2、pc 和 E，都会面临这样的问题。写成通用表达式就是求解以下方程组：

$$E^2=b^2(mc^2)^2+a^2(pc)^2+a\times b[(pc)\times(mc^2)]+b\times a[(mc^2)\times(pc)] \tag{4}$$

和

$$E^2=(mc^2)^2+(pc)^2 \tag{5}$$

而结论总是 $a\times b+b\times a=0$。这就意味着电子的能量不能既简单表示为 mc^2 和动能 pc 之和，而又满足爱因斯坦的能量 E^2 的三角关系。或者至少可以说，a 和 b 是简单数的时候是不行的。

这个方程组不适用于数，但却适用于矩阵。如果你对他们的工作感兴趣的话，请继续看下一节。但如果你只是对它的结果感兴趣，那就请跳过。

1. 矩阵是如何解决了狄拉克的难题

许多现象在进行数学描述时，简单的实数都不能满足需求。有一种数的归纳被称为“矩阵”。矩阵中包含很多数，排成一行或者一列，而矩阵相加和相乘的法则与普通数不同。常数意味着从左上到右下的对角线上的数是相同的，比如，两行两列矩阵下的常数 1 就是 $\begin{pmatrix}1 & 0\\0 & 1\end{pmatrix}$，而$\begin{pmatrix}0 & 1\\1 & 0\end{pmatrix}$和$\begin{pmatrix}1 & 0\\0 & -1\end{pmatrix}$就不是常数。

一旦我们知道了矩阵之间相加和相乘的法则，就能和常数一样容易地对矩阵进行处理。相加比较简单：

$$\begin{pmatrix}a & b\\c & d\end{pmatrix}+\begin{pmatrix}A & B\\C & D\end{pmatrix}=\begin{pmatrix}a+A & b+B\\c+C & d+D\end{pmatrix}$$

但是乘法就相对复杂一些——其中包含了相关行列中的所有元素的乘积：

$$\begin{pmatrix}a & b\\c & d\end{pmatrix}\times\begin{pmatrix}A & B\\C & D\end{pmatrix}=\begin{pmatrix}aA+bC & aB+bD\\cA+dC & cB+dD\end{pmatrix}$$

在矩阵相乘的法则下，就会发现有两个矩阵能解决狄拉克的难题：

$$a=\begin{pmatrix}0 & 1\\1 & 0\end{pmatrix}\text{和 }b=\begin{pmatrix}1 & 0\\0 & -1\end{pmatrix}$$

根据之前的法则，你可以计算出 a^2 和 b^2 都等于 1，然后再计算 $a\times b$ 和 $b\times a$。你会发现：

$$a\times b=\begin{pmatrix}0 & -1\\1 & 0\end{pmatrix}\text{和 }b\times a=\begin{pmatrix}0 & 1\\-1 & 0\end{pmatrix}$$

所以，如果 a 和 b 就是上述两个矩阵，那么就能满足 $a \times b+b \times a=0$，狄拉克的理论就成立了。

2. 负能量

由于动量和速度一样是三维运动的一种性质，因此狄拉克面临的挑战会变得更难一点。你可以向北运动，或者向东，或者垂直，又或者随意一个方向；要描述你的运动，就必须知道在每个独立维度坐标上的速度分量。狄拉克所面对的 pc 项实际上是 3 部分：在 3 个维度上各自的分量。因此 a 不是一个单独的量，实际上是 3 个；如果我们将 3 个维度分别表示为 x、y、z，那么我们就需要知道分量 $a(x)$、$a(y)$ 和 $a(z)$，每个分量都必须满足自身平方归一并且相互之间的乘积和为零。

要理解狄拉克的理论，我们首先假设电子没有质量，那么只需先找到 $a(x)$、$a(y)$ 和 $a(z)$。这个问题的三个矩阵解就是我们之前所看到的：

$$a(x)=\begin{pmatrix}0 & 1\\ 1 & 0\end{pmatrix}, a(y)=\begin{pmatrix}0 & 1\\ -1 & 0\end{pmatrix} \text{和} a(z)=\begin{pmatrix}1 & 0\\ 0 & -1\end{pmatrix}$$ [1]

看起来一切都很完美了，但别忘了：电子可是有质量的，上面的过程中忽略了 mc^2 项。自然而然人们会想到 b 乘以 mc^2 也是一个矩阵，这也的确如此，但这里有一个陷阱：我们在求解 3 个分量 $a(x, y, z)$ 时，使用的是两行两列的矩阵，而求解过程中已经用掉了所有可能的独立矩阵（“独立”意味着另外的所有矩阵都是常数，或者是这 3 个数的乘积或加和）。而且，这里的 $a(z)$ 正是我们之前所说的 b，那么

[1] 敏锐的读者会发现这里的 $a(y)$ 的平方等于 −1，而不是等于 +1。狄拉克的解决办法是将它与 $-i$ 相乘，这里的 i 是 −1 的平方根：i 的平方等于 −1。如此使得这个矩阵的平方等于 +1。

b 现在扮演着什么角色呢？与 mc^2 相乘的数量 b 只能是一个数，比如 1。所以我们又遇到了一开始时就遇到的那个问题：如何摆脱那个讨厌的 $(mc^2)\times(cp)$ 项，只留下爱因斯坦的 $(mc^2)^2+(cp)^2$ 形式呢？要达到这个目的，b 必须是一个矩阵，而“两行两列”的矩阵已用尽所有的可能。此时狄拉克发现他必须将所有项都加倍，将矩阵变成“四行四列”。

恰在此时，负能量在我们的故事中出现了，继而迈出了反物质的第一步。

我们只需要看看高中代数中的一个简单公式：

$$\frac{1}{2}[(a+b)^2+(a-b)^2]=a^2+b^2 \tag{6}$$

其中，没有 $a\times b$ 项，所以

$$\frac{1}{2}[(cp+mc^2)^2+(cp-mc^2)^2]=(cp)^2+(mc^2)^2 \tag{7}$$

也不会有 $(mc^2)\times(cp)$ 项。除此之外，还得到了爱因斯坦的 $(mc^2)^2+(cp)^2$ 形式。

狄拉克将适配 $mc^2=0$ 的两列矩阵找到，然后对其翻倍：一种情况下 $b=+1$，另一种是 $b=-1$。

当表示为 2×2 矩阵时，这两个数为 $\begin{pmatrix}1 & 0\\0 & 1\end{pmatrix}$ 和 $\begin{pmatrix}-1 & 0\\0 & -1\end{pmatrix}$。接着狄拉克将它们合并成 4×4 的矩阵形式：

$$
\begin{pmatrix}
1 & 0 & 0 & 0 \\
0 & 1 & 0 & 0 \\
0 & 0 & -1 & 0 \\
0 & 0 & 0 & -1
\end{pmatrix}
$$

此时就不再是一个简单数了。

实际上，他曾研究过四列矩阵，但都具有美丽的对称性。$a(x)$、$a(y)$ 和 $a(z)$ 处于两个对角上，但是矩阵的上下两部分符号相反（后来证明这是考虑了正负能量的原因），并且其他位置都为 0。在其第四个 γ 矩阵中，b 矩阵的顶端是 +1，底端是 −1，和我们之前表示的一样。稍微一看就能理解这种模式。如果你想知道它们的应用，可以去旁听附近大学的物理课程！

狄拉克的伽马矩阵

$$
\gamma(x)=\begin{pmatrix}
0 & 0 & 0 & 1 \\
0 & 0 & 1 & 0 \\
0 & -1 & 0 & 0 \\
-1 & 0 & 0 & 0
\end{pmatrix}
\qquad
\gamma(y)=\begin{pmatrix}
0 & 0 & 0 & -i \\
0 & 0 & i & 0 \\
0 & i & 0 & 0 \\
-i & 0 & 0 & 0
\end{pmatrix}
$$

其中，i 是 −1 的平方根。

$$
\gamma(z)=\begin{pmatrix}
0 & 0 & 1 & 0 \\
0 & 0 & 0 & -1 \\
-1 & 0 & 0 & 0 \\
0 & 1 & 0 & 0
\end{pmatrix}
\qquad
\gamma(4)=\begin{pmatrix}
1 & 0 & 0 & 0 \\
0 & 1 & 0 & 0 \\
0 & 0 & -1 & 0 \\
0 & 0 & 0 & -1
\end{pmatrix}
$$

尾　注

第 1 章

① 报道源自考恩等。《自然》，1965 年 5 月 29 日，第 861 页。

② 《英国能源消耗》，英国贸易与工业部报告，第 8 页给出了石油消耗千克量；参见 http://www.berr.gov.uk/files/file11250.pdf, 1 千克石油 $=5.3\times10^{7}$ 焦耳。

③ 凯伊·戴维森，《旧金山纪事报》，2004 年 10 月 4 日。爱德华在很多场合的演讲中都在突出的位置用红字标明“无核残留”，可通过 http://www.niac.usra.edu/files/library/meetings/fellows/Mar-04/Kenneth-Edwards.pdf 查到。那些妄想家们由此产生了各种幻想，http://www.circling.org/archives/000022.html 中给出了很多类似的例子。

④ 参见附录 1。

第 3 章

① 哈洛，《朗文科学文学》，朗文出版社，1989 年，第 170 页；

也可参见 P. 科文尼和 R. 海菲尔德的《时光之箭》。

② 狄拉克，《皇家学会学报》，1931 年 9 月。同样引自于弗雷泽，《反物质》，第 62 页。

第 4 章

① D. 威尔逊 ,《卢瑟福：简单的天才》，1983 年，第 548 页。

② 《自然》，2007 年，第 449 卷，第 153 页。

第 8 章

① 例子参见 http://www.matter-antimatter.com。

② 参见附录 1：反物质的代价。

③ D. 法加纳和 M. 科勒普，《宇宙粒子物理》，2003 年，第 19 卷，第 441 页。

④ AMS（反物质谱仪），也可参见“捕获反氦”，不列颠在线，科学新闻，2007 年 5 月 21 日。

⑤ 维登斯潘特，等，《自然》，2008 年，第 451 卷，第 159 页。

⑥ 参见第 9 章以及前面提到过的《英国能源消耗》。

第 9 章

① 司法科学说明源自科文、阿特鲁利和莉比，《自然》，1965 年 5 月 29 日，第 861 页。

② 丹・布朗，《天使与恶魔》，柯基出版社，2001 年。

③ 例子参见 http://www.niac.usra.edu/files/library/meetings/fellows/Mar_04/Kenneth_Edwards.pdf。

④ 参见附录 1：反物质的代价。

⑤ 参见第 1 章和 http://www.niac.usra.edu/files/library/meetings/fellows/Mar_04/Kenneth_Edwards.pdf。

⑥ 《制造和禁锢反物质以用于空间旅行》，M. 赫斯切特等，宾州报告，参见 http://www.engr.psu.edu/antimatter/documents.html。

⑦ J. 阿克曼，J. 谢尔特以及 P. 施梅尔策，《物理评论快报》，1997 年，第 78 卷，第 199 页；以及《物理评论》，1998 年，A58 卷，第 1129 页。

⑧ 马克 · 安德森的报道，《国家地理新闻》，2006 年 5 月 4 日。

⑨ 参见 http://www.eng.fsu.edu/ME-senior-design/2004/team7。

⑩ 丹 · 布朗，《天命与恶魔》，柯基出版社，2001 年，第 105 页。

⑪ 丹 · 布朗，《天命与恶魔》，柯基出版社，2001 年，第 103 页。

⑫ 丹 · 布朗，《天命与恶魔》，柯基出版社，2001 年，第 102 页。

⑬ 《旧金山纪事报》，2004 年 10 月 4 日。其描述与《天使与恶魔》书中稍有差异。

⑭ 丹 · 布朗，《天命与恶魔》，柯基出版社，2001 年，第 98 页。

⑮ 丹 · 布朗，《天命与恶魔》，柯基出版社，2001 年，第 106 页。

书　目

/

1. F. 克洛斯 . 炙热难耐：冷聚变竞赛［M］.W.H. 艾伦出版社，1990 // 虚空 . 牛津出版社，2007.（中文版，重庆大学出版社，2016）

2. P. 柯文妮，R. 海菲尔德 . 时间之箭［M］.W.H. 艾伦出版社，1990.

3. P.A.M. 狄拉克 . 量子力学原理［M］. 剑桥出版社，1998.

4. 英国能源消耗 .http://www.berr.gov.uk/files/file11250.pdf.

5. G. 弗拉色 . 反物质：终极镜像［M］. 剑桥出版社，2000.

6. 库特 . 冯尼古特 . 猫的摇篮［M］. 莱因哈特与温斯顿出版社，1963.

7. D. 威尔逊 . 卢瑟福：简单的天才［M］. 霍德与斯托顿出版社，1983.

图书在版编目（CIP）数据

反物质 /（英）克洛斯（Close,F.）著；羊奕伟译
—重庆：重庆大学出版社，2016.3（2023.11重印）
（微百科系列）
书名原文：Antimatter
ISBN 978-7-5624-9556-7

Ⅰ.①反… Ⅱ.①克…②羊… Ⅲ.①反物质—研究
Ⅳ.①P14

中国版本图书馆CIP数据核字（2016）第047811号

反物质
［英］弗兰克·克洛斯（Frank Close） 著
羊奕伟 译

策划编辑：敬 京
责任编辑：文 鹏 姜 凤
责任校对：秦巴达

重庆大学出版社出版发行
出版人：陈晓阳
社址：（401331）重庆市沙坪坝区大学城西路21号
网址：http://www.cqup.com.cn
印刷：重庆市国丰印务有限责任公司

开本：890mm×1240mm 1/32 印张：5.25 字数：111千
2016年4月第1版 2023年11月第11次印刷
ISBN 978-7-5624-9556-7 定价：29.00 元

ANTIMATTER by FRANK CLOSE, ISBN: 9780199550166.

Published in the United States by Oxford University Press Inc., New York.

版贸核渝字（2013）第280号